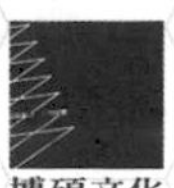

iT邦幫忙 鐵人賽

ECMAScript 關鍵 30 天
ES5 到 ESNext 精準進擊 JS 語法與核心

無論你是前端還是後端，點滿 Modern Web 技能樹的第一步，就是徹底認識 ECMAScript！

- 統整重要概念與基本組成，為學習JavaScript之路鋪上紮實的基石
- 分門別類語法，附上特性解說和精彩範例，發揮工具書的最大價值
- ES2022即將釋出！帶你快速一覽重點語法，更上層樓超前部署

 本書提供線上範例檔

Yuri Tsai —— 著

作　　者：Yuri Tsai
責任編輯：林楷倫

董 事 長：陳來勝
總 編 輯：陳錦輝

出　　版：博碩文化股份有限公司
地　　址：221 新北市汐止區新台五路一段 112 號 10 樓 A 棟
電話 (02) 2696-2869 傳真 (02) 2696-2867

發　　行：博碩文化股份有限公司
郵撥帳號：17484299 戶名：博碩文化股份有限公司
博碩網站：http://www.drmaster.com.tw
讀者服務信箱：dr26962869@gmail.com
訂購服務專線：(02) 2696-2869 分機 238、519
（週一至週五 09:30 ～ 12:00；13:30 ～ 17:00）

版　　次：2021 年 11 月初版一刷

建議零售價：新台幣 600 元
I S B N：978-986-434-919-7
律師顧問：鳴權法律事務所 陳曉鳴律師

本書如有破損或裝訂錯誤，請寄回本公司更換

國家圖書館出版品預行編目資料

ECMAScript 關鍵 30 天 : ES5 到 ESNext 精準進擊 JS 語法與核心 / Yuri Tsai 著 . -- 初版 . -- 新北市 : 博碩文化股份有限公司 , 2021.11

面；　公分. -- (iT邦幫忙鐵人賽系列書)

ISBN 978-986-434-919-7(平裝)

1.Java Script(電腦程式語言)

312.32J36　　110017180

Printed in Taiwan

博 碩 粉 絲 團

推薦序

我常對 ALPHA Camp 的學生說：程式語言只是工具。相較於糾結在到底學 Python、PHP、還是 JavaScript 好，其實更重要的，是透過學習程式語言，建立拆解問題的運算思維（computational thinking）。

思維的確比工具重要。但當你的技術能力到達某個階段後，如要更上一層樓的話，其實也需要對你手上的工作，有深層的認識。從它的發明背景、演進歷史、語法特質與文化、到運作原理，當你真正了解這個工具時，你透過它所創造的價值，就能以倍數增長。

ECMAScript 是現代互聯網（Modern Web）上非常重要的語言。而其中的 JavaScript 更是連續至少 8 年蟬聯 GitHub 開發者最常使用的程式語言。如果你是位網路開發者，或是對網路開發有興趣，JavaScript 是你必修的程式語言。尤其是對前端開發者來說，你對 JavaScript 的操控力可以說會直接影響你職涯發展的機會。

要讓 JavaScript 能「動起來」不難，但相較其他較普遍的程式語言，JavaScript 是比較難掌控的。JavaScript 的寫法比較有彈性，結構也比較複雜與抽象。如果你對如 promise、非同步等核心原理不了解，你的程式碼很可能會有難以偵查但致命的錯誤。

Yuri 是 ALPHA Camp 的助教之一。Yuri 曾跟我分享，雖然她大學與碩士都是資管系，但因為在踏入職場後，因為要在有限時間交付專案，所以一路上的學習步驟都很快速，導致有些很基本卻很重要的觀念是一知半解。所以她希望透過這本書，梳理與深化她自己對 JavaScript 的了解，同時將她的成果與有興趣學習 JavaScript 的人分享。Yuri 在前端與 ALPHA Camp 的助教社群，都積極參與與分享 -- 在 iThome 就發了 126 篇文章。在參考這本書的時候，你該會感覺到 Yuri 所累積的解說能力，以及她對 JavaScript 的深度了解。

所以如果你對 web development 有興趣，甚至期許自己成為一位優秀的前端工程師，我會推薦你將這本《ECMAScript 關鍵 30 天》，與如《JavaScript: Understanding the Weird Parts》、《Effective JavaScript》等列為你的經典收藏。

Bernard Chan | 陳治平

創業家、教育家、工程師。在香港與加拿大長大。畢業於加拿大滑鐵盧大學與美國麻省理工學院（MIT）。前 Yahoo! 亞太區產品總監。在 2014 年創辦 ALPHA Camp，以台灣和新加坡為教學據點，培育數位人才。校友遍及全球知名科技新創與五百大企業。

序與致謝

首先，我要先感謝正在讀這本書的你，讓曾經是程式小白的我，透過無止盡的學習與一次次的試誤過程，如今當了工具書的作家，成為知識的分享者。雖然不敢說是這個領域的佼佼者，但是我能知道的是，初學者在這一路上會有什麼痛點；而有開發經驗的人，容易在哪些方面的基礎不夠扎實等等。因此，我真心希望這本書對你來說是有價值的，可以解決多數遇到的疑惑與難題。

如果你有任何建議或想法，歡迎掃描左方的 QR Code 給予回饋。你的一字一句，都會成為下個作品更好的動力，感謝你！

（讀者回饋表單）

最後，這本書呈現在各位眼前，不是只有我一個人的努力。從一開始的寫作契機到出版過程，都有成為助力的人事物，像是－

當了 8 年的同學 Wen Ling，看著他站在第 9 屆 iT 鐵人賽的舞台上領優選獎，鼓舞我開始動筆，產出技術文章；第 12 屆的 iT 鐵人賽評審們，肯定我的相關系列文章，促進了這本書的誕生；培養我能獨當一面的嘉實資訊，良好的工作環境和待遇，給予了許多機會和成長的養分；博碩文化的 Abby、小 p 和排版美編人員，以專業編輯的角度改進內容，讓這本書有更好的閱讀體驗；ALPHACamp 的 Bernard 和 Kiki，信任我的專業，願意替這本書籌備推薦序；男友 Yu Te 和他的家人們，從生活上的照顧到心靈上的支持都幫了很大的忙，也讓我的寫作之路不孤單；我的家人們，是讓我持續往前進的動力。

在此，向以上的各位獻上最誠摯的謝意，謝謝你們！

Yuri Tsai

學習導覽

本書共有七大篇章，由 30 個章節組成。建議初學者必讀的章節有－

- Part 1 中的所有章節。
- Day 10. 字串（string ／ String）
- Day 12. 數字（number ／ Number）
- Day 15. 陣列（Array）
- Day 18. 類別（Class）
- Day 24. 運算子與特殊符號
- Day 25. 基本流程控制

其他的章節內容大多是獨立的主題，或是相對來說比較進階，或是可能要有實務需求才需要熟悉。因此可以按照自己的學習節奏來安排選讀。

在本書中，會使用以下的排版區塊來說明延伸重點。通常延伸重點會是跟 ECMAScript 標準或語法內容沒那麼相關，但是卻很重要的相關領域知識。

延伸重點

延伸重點的說明內容。

在內文說明中，你會看到有些不同的文字標記，像是－

- 網底：語法相關的關鍵字，或固定用詞、名稱等。
- *斜體*：自訂的參數、函式、物件、屬性等資料名稱等。

就是這麼簡單好上手！接下來要做的，就是前往下一頁開始旅程，祝你學習愉快！

目錄

PART 1 基本與核心組成

PART 2 文字處理

PART 3 數值運算

PART 4 資料集合

PART 5 其他標準內建物件

PART 6 運算子與流程控制

PART 7 ESNext

PART

1

基本與核心組成

本書的一開始，將探索在背後推動 JavaScript 發展的關鍵－ ECMAScript，並且了解一個語法標準從發想到釋出的誕生過程。接著，認識 JavaScript 在真實世界中運作的兩大環境－負責前端的瀏覽器，以及後端的 Node.js。最後，你會熟悉這個語言中基本的組成和重要機制，為往後的語法學習之路鋪上扎實的基石。

前端（front-end）與後端（back-end）

在資訊軟體開發的領域中，跟使用者互動以及視覺化呈現的部分通稱為「前端」；而主要處理資料邏輯與存取操作的部分則稱為「後端」。

在 Web 應用程式的發展中，因為前端技術大幅度提升，實作上的規模與複雜度也增加許多。因此從一開始的前後端合一，到現在的開發趨勢為前後端分離。特別的是，在 Node.js 推出後，原本只能開發前端的 JavaScript 也能跨足到後端領域，近幾年也產生了「全端（full-stack）」的職位需求。

DAY

01 話說 ECMAScript

程式語言的演進過程中，開發單位通常會因推廣市場和普及化的考量，選擇和制定標準的國際組織合作，釋出該語言的實作規範。這樣做的好處主要有以下－

- 有了明確的規格，各單位可以依循標準實作程式語言和運作環境。開發者有了選擇性，也帶動相關軟體開發的發展。
- 因應開發需求和規模，制定標準的組織會維護規格，讓相關的程式語言能愈來愈成熟。

對於學習者來說，了解程式語言的標準有什麼好處嗎？

我的回答是有的。當新的標準釋出時，通常會公開相關的規格文件，開發者可以迅速掌握學習資源。再來可以了解語法的發展趨勢，提升撰寫能力與開發品質。

學習之路的第一天，就帶著輕鬆的心情，跟 ECMAScript 與 JavaScript 來場破冰之旅吧！

JavaScript 的誕生

一切的開始要從 Netcsape 說起。

圖 1-1　Netscape logo（來源：*Wikipedia*）

Netcsape 是由網景公司推出的瀏覽器通稱。為了優化自家瀏覽器的互動效果，任職於網景公司的 Brendan Eich 花了大約 10 天時間，打造出可以在瀏覽器中運作的腳本語言[1]雛型，並且稱之為 Mocha。

這項專案上線時，為了讓名稱更具有語意，改名為 LiveScript。這代表了兩種意義－

- 可以網景公司開發的伺服器環境（LiveWire）中運作。
- 提供網頁更即時的互動性。

隨後網景公司與維護 Java 的昇陽公司共同合作，讓 LiveScript 可以協助 Java 在網頁中的運作。因為 Java 是當時的軟體開發主流，考量到名氣以及些許類似的特性，這兩間公司不久後便一起發出聲明，以 JavaScript 這個名稱讓這個程式語言公開問世。

ECMAScript 的出現

當時 Netcsape 的主要競爭者是微軟推出的 Internet Explorer（通稱 IE）。在 JavaScript 發布後沒多久，微軟也釋出了可以在 IE 中運作的腳本語言－ JScript 和 VBScript。

網景公司對於各家瀏覽器實作上不一致的情況，做出的對應就是決定將 JavaScript 提交給國際組織－ Ecma International 進行標準化。這項舉動也為了 JavaScript 的發展立下重要的里程碑。

圖 1-2　Ecma International logo（來源：Wikipedia）

1　腳本語言（scripting language）是為了縮短傳統所需的編譯和連結過程，而產生的程式語言類型。除了可以直接以文本在運作環境中執行，通常學習門檻也不會太高。

Ecma International 是一個制定電腦硬體、通訊、程式語言標準的非營利組織。數十年來為了許多程式語言訂定國際標準，像是 C#、C++、Dart，以及本書談的 ECMAScript 等。

在命名的過程中，Ecma International 考量到 Java 的名稱已經被註冊為商標，加上需要保持立場的中立，這項標準的名稱就以組織本身的縮寫命名，取為 ECMAScript，代號為 ECMA-262。

隨著開發需求的增加，各家公司便依循這項標準積極發展各自的程式語言，除了上面提到的 JScript 和 VBScript，Adobe 的前身 Macromedia 也加入了戰局，發展了 ActionScript。

近幾年來，由於 JavaScript 比其他後進語言的實現度來的高，加上 Google 開發的 JavaScript 引擎－ V8，以及 Node.js 的大幅應用，讓 JavaScript 成為最主要的實現，在這場戰役中勝出。

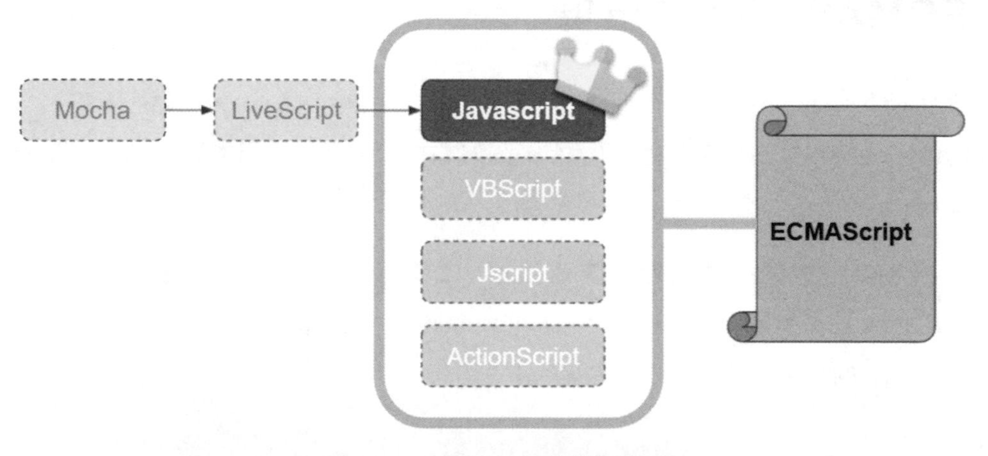

圖 1-3　ECMAScript 演進示意圖

因此，在接下來有關語法與程式碼的部分，都會以 JavaScript 來實作與說明。

制定流程的改善

Ecma International 底下有個負責制定 ECMAScript 標準的委員會叫做 TC — 39（Technical Committee No.39）。初期因為工作流程傳統，加上當時有多方角力試圖影響，中間最長有 10 年的時間處於停滯發展的狀態。

直到陸續有重量級公司的人物加入，以及現代化開發的需求遽增，成員們開始精簡修訂的過程，並且使用 GitHub 來促進開放原始碼社群的參與，讓 ECMAScript 的發展再度活躍起來。

目前從想法出來到納入標準，通常會經歷以下 5 個階段，相關統整如表 1-1 所示。

表 1-1　提案階段流程

Stage 0（Strawperson）
由 TC — 39 的成員或其他人提出後，委員會沒有否決的討論或想法。
Stage 1（Proposal）
正式成為提案，並觀察與其他提案的互相影響。提案本身需要有語法描述、使用範例等具體內容。這個階段開始會有部分提案提供 Polyfill[2] 的實現，提供有興趣的開發者試用。
Stage 2（Draft）
提案已有初步的文稿，並且可能會有相關的運作環境，或是編譯器提供實驗性的功能實現。
Stage 3（Candidate）
這個階段已經成為侯選提案，等待委員會和相關貢獻者的簽呈。這時內容不會有太多改變，並且確定會有部分的運行環境或編譯器提供原生支援或 Polyfill。
Stage 4（Finished）
當候選提案至少通過兩個驗收測試，就會進到這個階段，並且等待下一版釋出時，成為修訂的內容之一。

2　Polyfill 據說是英國開發者 Remy Sharp 在如廁時發想到的名詞，意思是實現出瀏覽器中尚未內建支援的功能程式碼。

透過官方的 GitHub，可以查詢各階段的語法彙整和相關內容，有興趣的讀者可以前往 *https://github.com/tc39/proposals*。

開啟 Modern Web 元年的 ES2015

2015 年 6 月，TC － 39 發布新版本的同時，也在制度上做了大改變，包括－

- 原本不定期的釋出版本，因應提案的踴躍和開發需求，改為一年一修。
- 官方代號原本為純數字，改為西元年份。不過在一些實作中還是有支援原本純數字的版本代號，例如 TypeScript 的編譯設定。

因此在這年發布的標準代號為 ES2015，許多人習慣叫做 ES6。

這個版本釋出了相當多的語法和機制，讓開發者可以用不同以往的設計模式撰寫。在現今的 Web 前後端框架、函式庫、開發工具、運作環境等，這個版本扮演了相當關鍵的角色，讓這些技術有如雨後春筍般出現地蓬勃發展。

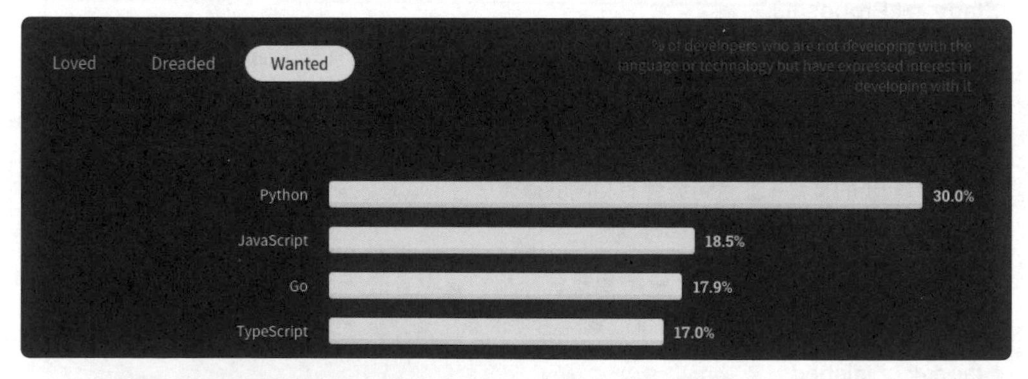

圖 1-4　Stack Overflow Developer Survey 2020（來源：*Stack Overflow*）

根據著名的技術討論平台 Stack Overflow 在 2020 年的調查，最想學習的程式語言當中，JavaScript 排名第二。值得一提的是，第四名的 TypeScript 其實是以 JavaScript 做為延伸的程式語言，基本上也是依循 ECMAScript 的規範實作。可見這項標準已經成為不可忽視的存在。

最後透過以下幾個重要的里程碑，讓讀者可以快速了解發展過程。相關統整如表 1-2 所示。

表 1-2　ECMAScript 里程碑

時間	ECMAScript	說明
1995	無	JavaScript 公開問世。
1997	ES1	初版標準釋出。
1999	ES3	重大版本。主要新增完善的正規表達式、例外處理等。
2009	ES5	重大版本。主要新增嚴格模式（strict mode）。
2015	ES2015（ES6）	重大版本。成為了與 ES5 語法以前的分水嶺。

DAY

02 瀏覽器與 Node.js

看完了 ECMAScript 的源起後，接著要開始探索 JavaScript 在真實世界中如何運轉。第一步需要認識的是運作環境。

蓋房子前，建築師要先掌握當地的地理和氣候環境，才能決定要用哪些材料或建築工法。程式語言的學習上也是如此。以 JavaScript 來說，如果對運作環境陌生，就會不知道該怎麼執行與除錯，也不懂得如何結合運作環境的特性與內建支援的 API 來實作功能。

因此，在寫出第一行程式碼以前，我們就先來認識目前 JavaScript 的兩大運作環境－瀏覽器與 Node.js。

瀏覽器

瀏覽器是日常生活中運用廣泛的數位媒介。自從通訊技術及全球資訊網的普及，瀏覽器不斷地創新演進。直到現在各式各樣的網頁、多媒體、遊戲到複雜的應用程式等，都能讓使用者透過直覺化的介面瀏覽與操作。

圖 2-1　Browser Market Share（來源：*StatCounter*）

根據著名的網路流量分析平台 StatCounter 的統計，在 2021 年 5 月的瀏覽器使用量排名，第一名是 Google 開發的 Chrome，占高達一半以上的比例。再來是 Apple 開發的 Safari，其次是微軟開發的 Edge。

可以看出目前主流的瀏覽器為 Chrome。由於產品戰略考量，讓 Google 相當重視瀏覽器的使用率，所以不僅對一般使用者提供舒適的瀏覽體驗，在實作 ECMAScript 標準、擴充 Web API、甚至擴充開發者工具的功能等也走在業界的前頭。對於開發者來説，已經是不可或缺的開發工具之一。

基本的運作流程

實際打開瀏覽器，輸入網址送出之後，沒多久就看到頁面呈現在我們眼前。像這樣幾秒之間的過程，其實在背後經過一連串的機制和運算。

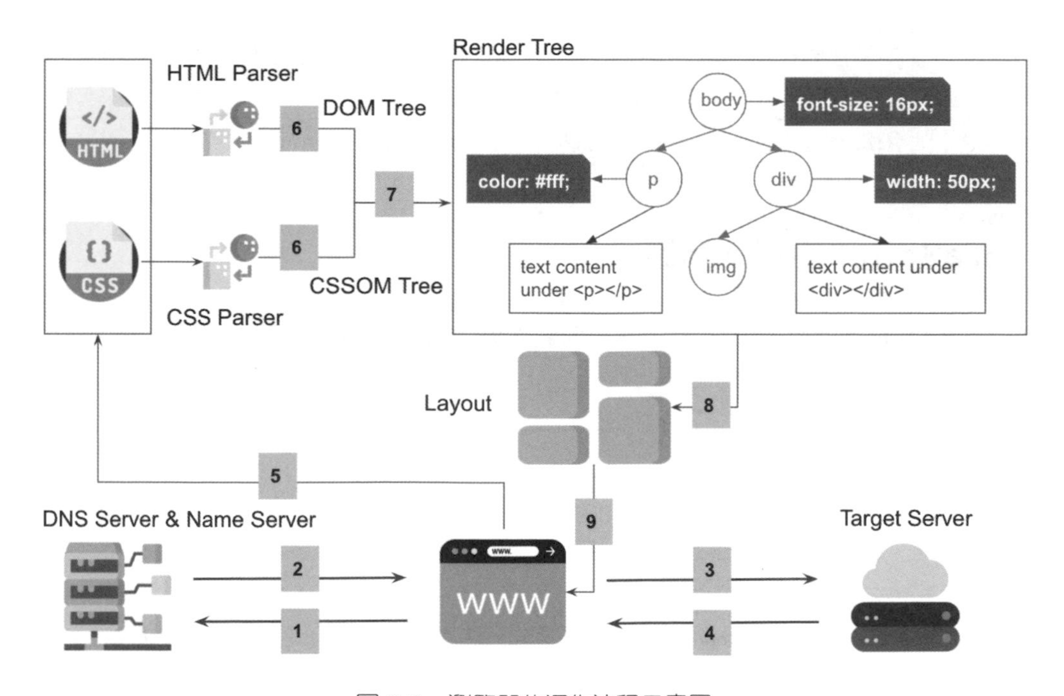

圖 2-2　瀏覽器的運作流程示意圖

我們以上面的示意圖來熟悉這一系列的運作流程。步驟說明如表 2-1 所示。

表 2-1 瀏覽器運作步驟

步驟	說明
1	瀏覽器透過作業系統，將網址發送給 DNS Server[3]。
2	DNS Server 解析網址，將處理的結果組成完整的 IP 位址並回傳。
3	瀏覽器知道 IP 位址後發出網路請求，透過 TCP/IP[4] 的通訊協定對 Target Server，也就是網頁所在的伺服器來建立連線。
4	Target Server 收到請求後，把所需的資源以封包的形式回應。
5	解析完封包後，瀏覽器會收到相關的檔案和狀態資訊。
6	以網頁最常見的資源－ HTML 和 CSS 來說，會分別透過各自的 Parser 建立樹狀結構的資料模型－ DOM Tree 和 CSSOM Tree。
7	瀏覽器把 DOM Tree 整理出可見的節點[5]，並套用對應的 CSSOM 規則，形成 Render Tree 的資料結構。
8	瀏覽器透過 Render Tree，計算出每個節點對應到頁面上的實際位置、形狀與大小等資訊，最後輸出一個 Layout 的資料模型。
9	瀏覽器透過這個 Layout 進行最後的繪製動作，渲染在頁面上。

JavaScript 的載入機制

那麼 JavaScript 在瀏覽器中是如何載入與執行的呢？首先得先了解幾種可以載入 JavaScript 的方式。

3 DNS（Domain Name System），網域名稱系統，將域名和 IP 位址建立關聯的服務。

4 TCP/IP 定義兩個端點間的通訊機制，包含如何封裝資訊、傳輸和接收等，成為主流的連線方式。

5 根據 W3C 定義的 HTML DOM 標準，HTML 內的所有內容會依照層級關係產生樹狀結構，而結構中的每個元素則被稱為節點（Node）。

1. 在 HTML 中，以字串的形式指派給目標節點的事件屬性中，例如 `onclick`。也被稱為 Inline JavaScript。

```
1 <!-- 2-1.html -->
2 <div onclick="alert('你點擊了這個div')">點擊後出現alert訊息</div>
```

2. 在 HTML 中，新增一組 `<script></script>` 的標記，直接包覆程式碼的內容。

```
1 <!-- 2-2.html -->
2 <script>
3     window.addEventListener('load', function (event) {
4         console.log('載入結束．', event);
5     });
6 </script>
```

3. 在 HTML 中，新增一組 `<script></script>` 的標記，在 `src` 的屬性中，指派來源為特定位置的 JavaScript 檔案。

```
1 <!-- 2-3.html -->
2 <script src="scripts/index.js"></script>
```

觀察以上三種方式，有發現什麼共同處了嗎？

基本上，無論以哪種方式撰寫 JavaScript 的部分，都必須透過 HTML 的文本來載入。所以可以把焦點放在 HTML Parser 上。

HTML Parser 遇到 `<script></script>` 的標記後，如果沒有特別的設定，會先暫停建立 DOM Tree 的工作，讓瀏覽器下載 JavaScript 檔案和以及讓 JavaScript 引擎進行解析，完成後才會再通知 HTML Parser 繼續運作。

由於 JavaScript 可以查詢或修改節點的內容或樣式，HTML Parser、CSS Parser 和 JavaScript 會交互地作用，更新完所有樹狀結構的節點資料後，才會一併進到 Render Tree 的執行階段。

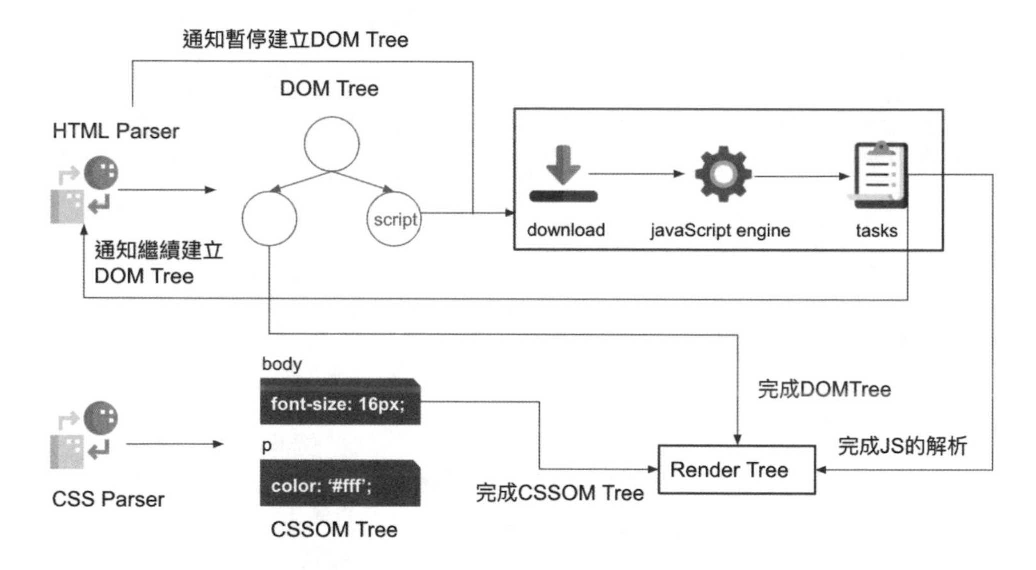

圖 2-3　載入 JavaScript 的相關流程

在交互作用的過程中，多少就會產生某方在執行下一步前需要等待的時間。這時載入 JavaScript 的時機點跟機制就很重要。以下介紹幾種可提升使用者體驗的載入方式。

把 `<script></script>` 的標記放置在 `<body></body>` 中的最後面。

HTML Parser 解析的順序是由上往下逐層操作。所以在建立完 DOM Tree 後才處理 JavaScript，就可以避免中斷 HTML Parser 的工作，先渲染出第一屏的畫面。

```
1 <!-- 2-4.html -->
2 <body>
3     <div>
4         <h1>ECMAScript 關鍵 30 天</h1>
5         <p>ES5到ESNext 精準進擊JS語法與核心</p>
6     </div>
7     <script src="scripts/index.js"></script>
8 </body>
```

值得注意的是，Google 在 2020 年 7 月發表了瀏覽器載入 JavaScript 的新機制。只要在 `<head></head>` 的標記中額外加入有 `rel="preload"` 屬性的 `<link>` 標記。

```
1 <!-- 2-5.html -->
2 <html>
3     <head>
4         <link rel="preload" href="index.js" as="script" />
5     </head>
6     <body>
7         <script src="index.js"></script>
8     </body>
9 </html>
```

HTML Parser 開始執行時，瀏覽器就會先去下載並解析有用以上標記的 JavaScript 檔案。除了不會中斷 HTML Parser 的作業，當 DOM Tree 完成後，還可以直接執行解析後的 JavaScript，然後進入到準備渲染頁面的階段。有效地降低彼此之間的等待過程以及瀏覽體驗的延遲。

在 `<script></script>` 的標記中，加入 `defer` 的屬性。

HTML Parser 解析到 `<script></script>` 的標記後，會通知瀏覽器在背景執行 JavaScript 檔案的下載，但不會中斷本身 DOM Tree 的建立作業。等到 DOM Tree 建立完成後才執行 JavaScript 的解析。

```
1 <!-- 2-6.html -->
2 <script src="index.js" defer></script>
```

在 `<script></script>` 的標記中，加入 `async` 的屬性。

和 `defer` 有相似的機制，差別在只要 JavaScript 檔案下載完畢，就會立即中斷 HTML Parser，等解析與執行完 JavaScript 才會通知 HTML Parser 繼續作業。

```
1 <!-- 2-7.html -->
2 <script src="index.js" async></script>
```

在 `<script></script>` 的標記中，加入 `type="module"` 的屬性值。

瀏覽器會把這種標記的 script 視為模組，行為與 `defer` 類似。過程中不會中斷 DOM Tree 的建立作業，並且在背景下載檔案以及其他相依的模組。等到 DOM Tree 建立完成後才執行 JavaScript 的解析。

需要注意的是，如果在其標記後面又加了 `async`，行為就會與 `async` 的方式一樣，只要模組與其他相依的模組載入完畢，就會中斷 DOM Tree 的建立作業，進行 JavaScript 的解析與執行。

```
1 <!-- 2-8.html -->
2 <script type="module">
3     // 匯入模組
4     import { myMoudle } from './utility.js';
5
6     window.onload = function () {
7         myMoudle();
8     };
9 </script>
```

最後統整這以上幾種載入方式的時序圖，以及使用時機的比較。

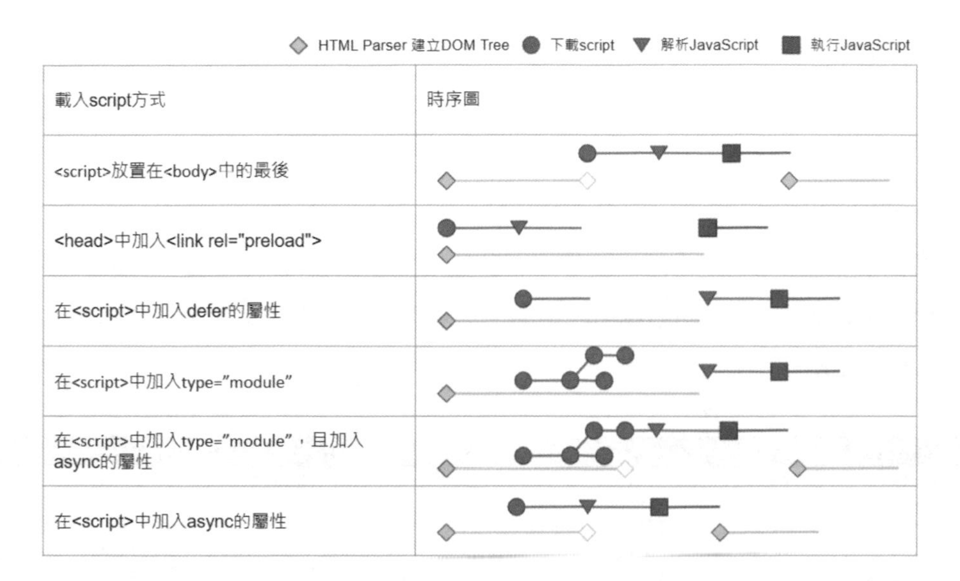

圖 2-4　載入 script 時序圖比較

載入 script 方式	script 類型	使用時機
<script> 放置在 <body> 中的最後	inline / file	功能單純，對頁面渲染的影響不大的小程式
<head> 中加入 <link rel="preload">	file	進行頁面操作和前端功能實作的主程式
在 <script> 中加入 defer 的屬性	file	進行頁面操作和前端功能實作的主程式
在 <script> 中加入 type="module"	inline file	將進行頁面操作和前端功能實作的主程式模組化引人
在 <script> 中加入 type="module"，且加入 async 的屬性	file	希望下載後立即執行，並且對頁面渲染的影響不大的模組化程式
在 <script> 中加入 async 的屬性	file	希望下載後立即執行，並且對頁面渲染的影響不大的程式

圖 2-5　載入 script 方式的使用時機比較

ECMAScript 語法支援查詢

回到 ECMAScript，透過 Day 01 的內容，我們知道當提案達到第二或第三階段以後，就會有瀏覽器陸續實作對應的支援語法。那麼要如何知道哪些語法在各瀏覽器的支援度呢？

這裡介紹一個開放原始碼的專案（*https://kangax.github.io/compat-table/es6/*），以表格陳列各運作環境下語法的支援度，並且附上語法的 GitHub 提案連結。在上方的功能列還能切換各時間點釋出的標準，以及還在提案階段的語法。算是相當完整的語法查詢頁。

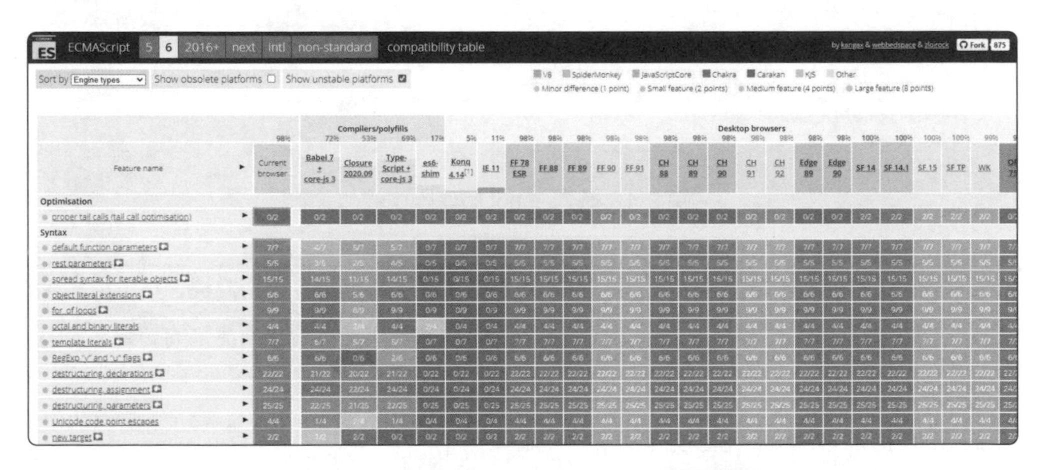

圖 2-6　ECMAScript compat-table 頁面截圖

另外一個介面比較舒適，並且可以輸入關鍵字查詢的是 Can I Use（*https://caniuse.com/*）這個網站。除了 JavaScript 以外，還可以查詢 HTML 和 CSS，應用上相對廣泛。不過針對提案階段的 ECMAScript 語法，不見得能查詢到。

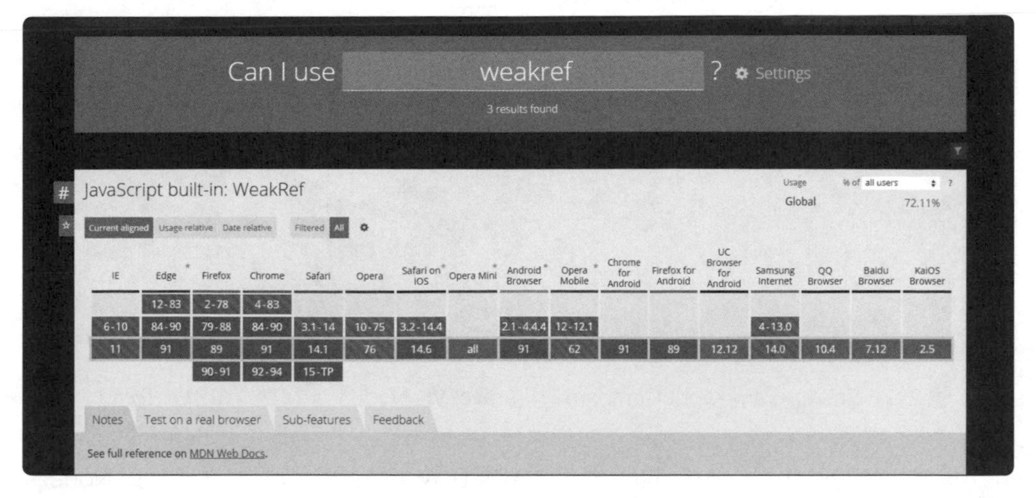

圖 2-7　Can I Use 頁面截圖

Node.js

圖 2-8　Node.js Logo（來源：*Wikipedia*）

2009 年問世的 Node.js，是以 Google 開發的 JavaScript 引擎 V8 作為核心的執行環境，再加上效能提升、HTTP 連線、伺服器環境架設等後端應用所需的機制和內建模組。讓 Node.js 成為後端開發的熱門選擇之一。

Node.js 的發展，讓 JavaScript 從只是增加網頁互動的腳本語言，跨足到可以處理大量複雜資料，以及架設伺服器環境的後端應用程式，大大地提升應用的範圍。

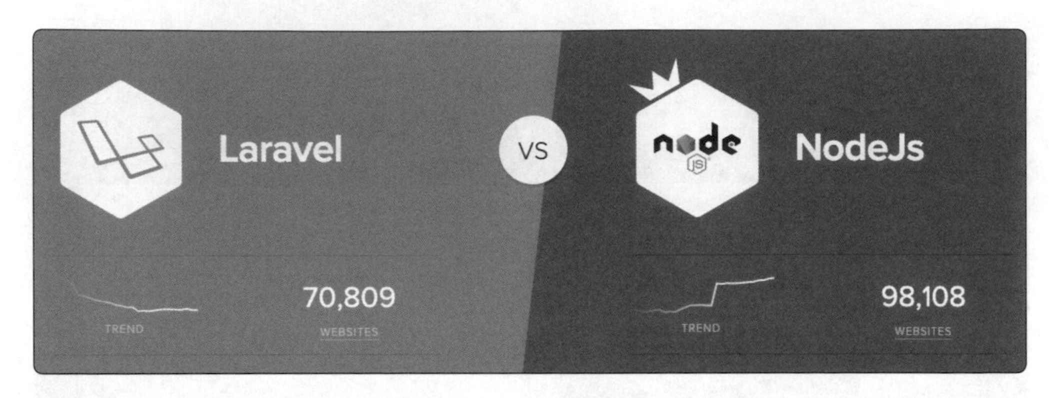

圖 2-9　Server Framework Compare － Laravel VS Node.js（來源：*SimilarTech*）

根據技術分析平台 SimilarTech 提供的數據比較，拿同樣是後端框架，比 Node.js 晚兩年發展的 PHP 框架 Laravel 來說，使用的網站數量雖然沒有差太多，但就趨勢上來說，愈來愈多人以 Node.js 做為架設後端服務的選擇。

安裝

圖 2-10 Node.js 下載頁（來源：*Node.js.org*）

在 Node.js 官網的下載頁面，可以依照作業系統和硬體環境來選擇適合的安裝檔。

在版本的選擇上，LTS 是指長期支援（Long Term Support）的意思，表示在 30 個月的維護期間內，會修復發現的嚴重臭蟲。如果是要開發線上環境的應用程式，建議使用 LTS 版本。

但是在本書會推薦另一種安裝方式：以 NVM（Node Version Manager）這套指令式工具來安裝 Node.js。使用 NVM 的好處有以下－

- 可以安裝和切換多個版本。
- 指令式輸入，簡化安裝過程中的步驟確認。

NVM 目前有兩種版本，一種是支援 macOS 和 unix 系列作業系統的 NVM，可參考官方 GitHub 的文件（*https://github.com/nvm-sh/nvm*）指示安裝。原則上打開終端機，輸入以下指令，即可安裝完成。

```
1 # 2-9.bash
2 curl -o- https://raw.githubusercontent.com/nvm-
  sh/nvm/v0.38.0/install.sh | bash
```

另一種是支援 Windows 作業系統的 NVM for windows，可參考官方 GitHub 的文件（*https://github.com/coreybutler/nvm-windows*）的 Releases 頁，下載最新版本的壓縮檔，再依指示安裝即可。

以下整理兩種版本常用的終端機指令，相關統整如表 2-2 所示。

表 2-2　NVM 終端機指令

<table>
<tr><th>用途</th><th>macOS & unix</th><th>Windows</th></tr>
<tr><td>列出已安裝的版本</td><td colspan="2">nvm ls</td></tr>
<tr><td>安裝特定的版本</td><td colspan="2">nvm install < 版本號 ></td></tr>
<tr><td>使用特定的版本</td><td colspan="2">nvm use < 版本號 ></td></tr>
<tr><td>列出可使用的指令</td><td colspan="2">nvm -h</td></tr>
<tr><td>列出可安裝的版本</td><td>nvm ls-remote</td><td>nvm ls available</td></tr>
<tr><td>查詢目前使用的版本</td><td>nvm current</td><td>無</td></tr>
<tr><td>安裝 LTS 版本</td><td>nvm install --lts</td><td>無</td></tr>
<tr><td>使用 LTS 版本</td><td>nvm use --lts</td><td>無</td></tr>
</table>

ECMAScript 語法支援查詢

上一小節提到可查詢各瀏覽器中 ECMAScript 支援度的開放原始碼專案，其作者也有提供一個 Node.js 版的網頁可以查詢（*https://Node.js.green/#ES2015*）。

當把後面的網址換其他有釋出標準的年份，就會列出該年的語法。另外，語法除了有提供提案或標準文件的原始連結，旁邊還有問號圖示，當游標移過去後會顯示簡單的範例程式，可以幫助對語法的基本認識。

Node.js ES2015 Support
kangax's compat-table applied only to Node.js
Learn more
show code examples　requires harmony flag　Created by William Kapke

	Nightly! 17.0.0 99% complete	16.3.0 99% complete	16.0.0 99% complete	15.14.0 99% complete	14.17.1 99% complete	14.5.0 99% complete	13.14.0 99% complete	13.1.0 99% complete	12.10.0 99% complete	12.8.1 99% complete	12.4.0 99% complete	11.15.0 99% complete	10.24.1 99% complete	10.8.0 99% complete	10.3.0 99% complete	9.11.2 99% complete	8.9.4 99% complete	8.6 99 comp
optimisation																		
proper tail calls (tail call optimisation)																		
direct recursion	Error	Error	Error	Error	Error	Error	Error	Error	Error	Error	Error	Error	Error	Error	Error	Error	Error	Err
§ mutual recursion	Error	Error	Error	Error	Error	Error	Error	Error	Error	Error	Error	Error	Error	Error	Error	Error	Error	Err
syntax																		
default function parameters																		
basic functionality	Yes	Yes	Yes	Yes	Yes	Yes	Yes	Yes	Yes	Yes	Yes	Yes	Yes	Yes	Yes	Yes	Yes	Ye
explicit undefined defers to the default	Yes	Yes	Yes	Yes	Yes	Yes	Yes	Yes	Yes	Yes	Yes	Yes	Yes	Yes	Yes	Yes	Yes	Ye
defaults can refer to previous params	Yes	Yes	Yes	Yes	Yes	Yes	Yes	Yes	Yes	Yes	Yes	Yes	Yes	Yes	Yes	Yes	Yes	Ye
arguments object interaction	Yes	Yes	Yes	Yes	Yes	Yes	Yes	Yes	Yes	Yes	Yes	Yes	Yes	Yes	Yes	Yes	Yes	Ye
temporal dead zone	Yes	Yes	Yes	Yes	Yes	Yes	Yes	Yes	Yes	Yes	Yes	Yes	Yes	Yes	Yes	Yes	Yes	Ye
separate scope	Yes	Yes	Yes	Yes	Yes	Yes	Yes	Yes	Yes	Yes	Yes	Yes	Yes	Yes	Yes	Yes	Yes	Ye
new Function() support	Yes	Yes	Yes	Yes	Yes	Yes	Yes	Yes	Yes	Yes	Yes	Yes	Yes	Yes	Yes	Yes	Yes	Ye
rest parameters																		
basic functionality	Yes	Yes	Yes	Yes	Yes	Yes	Yes	Yes	Yes	Yes	Yes	Yes	Yes	Yes	Yes	Yes	Yes	Ye
function 'length' property	Yes	Yes	Yes	Yes	Yes	Yes	Yes	Yes	Yes	Yes	Yes	Yes	Yes	Yes	Yes	Yes	Yes	Ye
arguments object interaction	Yes	Yes	Yes	Yes	Yes	Yes	Yes	Yes	Yes	Yes	Yes	Yes	Yes	Yes	Yes	Yes	Yes	Ye
can't be used in setters	Yes	Yes	Yes	Yes	Yes	Yes	Yes	Yes	Yes	Yes	Yes	Yes	Yes	Yes	Yes	Yes	Yes	Ye
new Function() support	Yes	Yes	Yes	Yes	Yes	Yes	Yes	Yes	Yes	Yes	Yes	Yes	Yes	Yes	Yes	Yes	Yes	Ye

圖 2-11　Node.js.green 頁面截圖

Babel

圖 2-12　Babel logo（來源：*wikipedia*）

我們知道從 ES2015 開始，每年都會釋出新的語法標準。雖然大多運行環境會跟著同步支援，甚至在提案階段時就完成實作。不過有些運行環境更新速度沒那麼快。如果需要讓程式可以在多數環境中正常運作的話，要怎麼辦呢？

Babel 是 JavaScript 編譯器，可以讓開發者使用 ES2015 以上的語法或是偏好的程式碼風格撰寫，最後透過它提供的工具編譯成較舊版本的運作環境中也能執行的程式碼。

如果是第一次上手，或是想了解 Babel 有哪些使用情境，可以前往官網的 Setup 頁面查看安裝和使用方式。

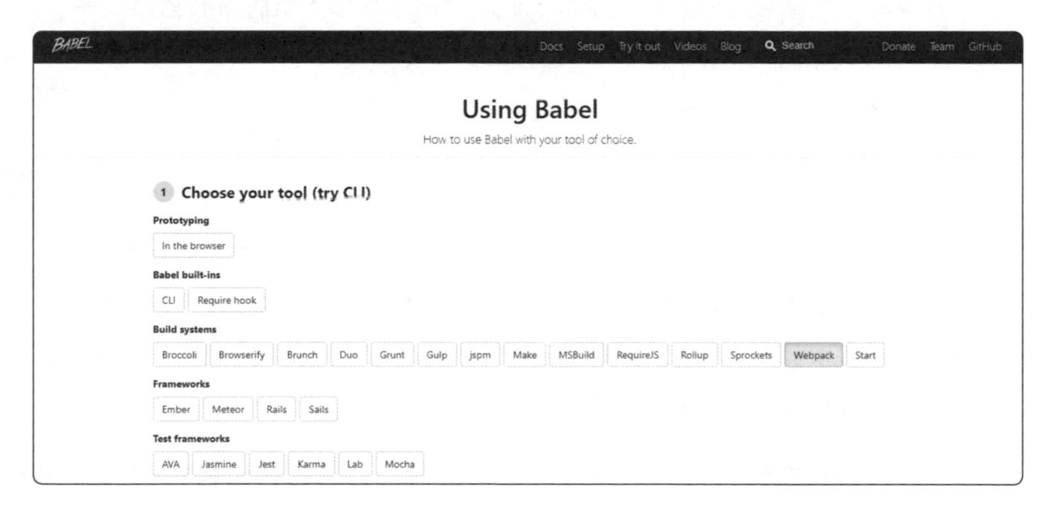

圖 2-13　Babel Setup 頁面截圖

編譯器（Compiler）與直譯器（Interpreter）

不管是哪種程式語言，最終都要被處理成電腦看得懂的格式才能執行。所以編譯器和直譯器都是扮演程式語言跟電腦之間翻譯的角色。不過這兩者之間有些差別－

- 直譯器：當每行程式碼解析完後就立刻執行，就像是各國元首在對談時，身旁通常會有翻譯官，將對方說的每句話，即時翻譯成可以理解的語言。
- 編譯器：一次解析完所有的程式碼，並產出特定格式的檔案後才能執行，就像是外國電影片中的中文字幕，通常會先請翻譯人員將所有對話依序翻譯成中文，產出逐字稿後，才進行相關後製。

小結

不過無論是瀏覽器或是 Node.js，兩者都有許多的眉角可以探索，想要解釋更進階的運作機制或語法應用，得要花更多的篇幅來介紹。因此以上的內容會著重在基本觀念，以及跟 JavaScript 比較相關的部分。

近年來 Electron 和 React Native 的發展逐漸成熟，使用 JavaScript 也能開發出桌面應用程式跟行動裝置的應用。因此 JavaScript 的運作環境已經不只侷限在 Web 前後端，有興趣的話也可以參考官方文件了解更多。

- Electron–*https://www.electronjs.org/*
- React Native–*https://reactnative.dev/*

DAY

03 變數與常數

經過前兩天的背景介紹和環境準備，終於可以動手寫第一句 JavaScript 了！

首先得先了解，寫程式其實就是一連串處理「資料」的過程。資料可能是一串文字、一組數值、一個有順序性的資料結構，或是複雜的物件等等。關於各種資料的認識與探索，也是本書的重點內容，在接下來的章節會一一認識。

那麼在 JavaScript 的運作環境中，要如何操作這些資料呢？

假設有個資料是叫做 *test* 的文字，在程式碼中，希望可以對這串文字做處理。不過程式碼並不知道這串文字叫做 *test*，如果要做進一步變動的話該怎麼辦呢？。

程式語言中通常有**變數**（**variable**）的機制，讓這個變數以等號（`=`）來代表 *test* 這組文字，程式碼認得這個變數後，就可以對它做許多事情了。

那麼負責存放資料的記憶體 ，以及負責管理資料的 JavaScript 引擎會怎麼處理變數與資料呢？

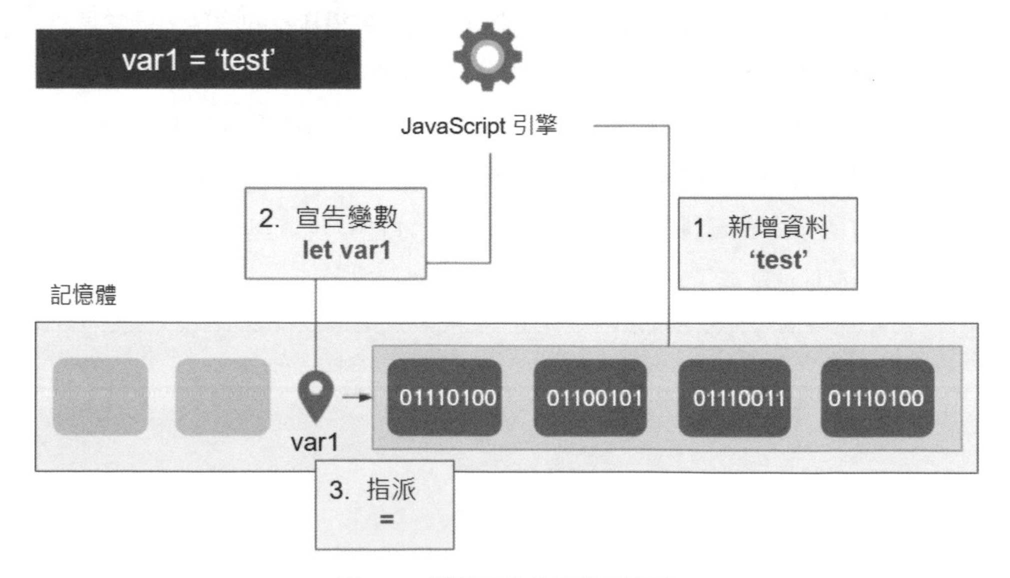

圖 3-1　變數宣告的流程示意圖

根據上方的示意圖，整理出有三個主要步驟。相關統整如表 3-1 所示。

表 3-1　變數宣告的主要步驟

步驟	說明
1	JavaScript 引擎解析到等號右邊的資料，也就是 test，轉為二進位後新增進記憶體中。
2	JavaScript 引擎解析到等號左邊的變數 var1，把 var1 **宣告（declare）**在記憶體中。
3	把變數 var1 **指派（assign）**到資料 test，作為初始值。

如此一來，無論要變動資料的內容或存取，都可以使用 *var1* 變數來操作。不過 JavaScript 引擎是要如何知道 `var1= 'test'` 這行是要做變數的宣告與指派呢？

答案是透過在變數名稱的前面，加上一個保留關鍵字。接著就要來看在 JavaScript 中的變數宣告有哪些方式，以及更多相關的撰寫眉角喔！

進位制與二進位（Binary）

進位制是指以基數（base）的不同，來表示數字各種樣貌的法則。最常見的就是十進位（Decomal），以 10 作為基數，每滿 10 就往前進位；還有六十進位（Sexagesimal），常拿來表達時間中的時、分、秒的顯示等。

二進位是本書的重點進位制，是電腦硬體中用來儲存資料位元（bit）的機制。所有的指令和資料都會被轉為二進位後才能被辨識與執行。例如文字 Hi，轉為二進位就成了 01001000 01101001。

保留關鍵字（Reserved Words）

JavaScript 中因為運作上的需要，遇到有些單字會有特定的解析與執行方式。這些單字被稱為保留關鍵字。任何跟命名有關的動作，像是變數、函數的宣告等，都不能拿保留關鍵字來當作名稱。

常見的保留關鍵字有待會介紹到的變數宣告關鍵字－let, var, const，還有流程控制的關鍵字－if, else, switch, for 等等。更多關鍵字的查詢列表可以至 W3C 查詢（https://www.w3schools.com/js/js_reserved.asp）

ES5 的變數

在 ES2015 還沒釋出以前，變數宣告使用的關鍵字一律使用 `var`。

在 JavaScript 中，宣告變數時可以選擇性地指派初始值。另外有多個變數要連續宣告的話，也可以使用逗號（`,`）將變數分隔。

```
1 // 3-1.js
2 // 只有宣告變數，無指派值
3 var noInitialValue;
4
5 // 使用逗號（,）連續宣告多個變數
6 var iAmString = '我是文字', iAmNumber = 1000;
```

ES2015 釋出以後，有額外定義了兩種變數宣告的關鍵字。雖然並沒有將 `var` 移除標準，不過使用 `var` 宣告的變數容易產生以下的問題。可以的話，盡可能地不使用 `var` 會比較適當。

提升（Hoisting）宣告

```
1 // 3-2.js
2 console.log('被提升的 hoisted 變數:', hoisted);
3
4 hoisted = 200;
5 console.log('指派值後的 hoisted 變數:', hoisted);
6
7 var hoisted;
8
9 // 被提升的 hoisted 變數: undefined
10 // 指派值後的 hoisted 變數: 200
```

以上方程式碼為例，將 *hoisted* 變數的宣告放在最後，會發現還是可以執行印出變數跟指派數值等指令，並不會發生意外錯誤。

原因是當 JavaScript 引擎在解析階段時，只要看到 `var`，就會在記憶體中先建立這個變數名稱。在執行第一行時，實際上變數已經被建立起來，只是還沒指派初始值，所以印出的值是未定義的（`undefined`）。

那麼如果在最後那行的變數宣告，也同時指派初始值呢？

很殘念，在解析階段，會提升執行的只有變數的「宣告」，初始值的指派只會在執行階段操作。因此執行第一行時，變數的值仍然是 `undefined`。再來如果執行特定資料型態的操作（例如數字的四則運算），就會出現意外的結果，造成程式的錯誤。

```
1 // 3-3.js
2 console.log('被提升的 hoisted 變數:', hoisted);
3
4 hoisted += 100;
5 console.log('加上100的 hoisted 變數:', hoisted);
6
7 var hoisted = 200;
8
9 // 被提升的 hoisted 變數: undefined
10 // 加上100的 hoisted 變數 is: NaN
```

重複地宣告

```
1 // 3-4.js
2 var virusName = '中國武漢肺炎';
3 var virusName = 'COVID-19';
4 console.log('virusName 變數: ', virusName);
5
6 // virusName is: COVID-19
```

使用 `var` 宣告的變數十分彈性，就算是後面再次使用 `var` 宣告同一個變數也不會發生意外錯誤，並且會以後面指派的值取代。不過這樣的彈性應用在大型複雜，或是多人開發的程式上會是個災難。因為誰也不知道哪個變數會覆蓋到先前建立的變數，造成同名的衝突。

作用域（Scope）

作用域是指變數在程式碼中，可以被存取跟操作的範圍。在 ES5 時，作用域只有分為兩種－

全域作用域（Global Scope）

程式碼的任何地方都可以存取跟操作該變數，這樣的變數叫做「**全域變數（Global Variable）**」。

函式作用域（Function Scope）

變數存活在函式內部，函式以外的地方是無法存取和操作的，這種不是全域以外的變數叫做「**區域變數（Local Variable）**」。而函式是什麼？只要先知道，函式是包覆程序中一連串的動作。在 Day 06 會探討更多有關函式的細節。

```
1 // 3-5.js
2 var globalNumber = 1;
3
4 function myFunction() {
5     console.log('取得 globalNumber 變數:', globalNumber);
6     var myNumber = 2;
7 }
8
9 myFunction(); // 取得 globalNumber 變數: 1
10 console.log('取得 myNumber 變數:', myNumber);
11 // error: myNumber is not defined
```

以上方程式碼為例，如果不懂語法的實作細節沒關係，只需要知道做的事情有－

1. 在第 9 行執行 *myFunction* 函式，印出在第 2 行宣告的全域變數 *globalNumber*
2. 在第 10 行印出在第 5 行宣告的區域變數 *myNumber*

globalNumber 變數的作用域是全域，表示程式碼的第 1 至 11 行都能存取及操作 *globalNumber*。*myFunction* 函式內宣告的變數 *myNumber*，作用域只有在 *myFunction* 內，也就是只有第 5 至 6 行。所以在第 10 行時試圖印出 *myNumber*，會出現未定義的錯誤提示。

那麼跟使用 `var` 宣告變數容易產生問題，這兩者之間有什麼關係呢？

```
1 // 3-6.js
2 var names = ['Yuri', 'Zoe', 'Bob'];
3 var index = 0;
4
5 // 對 numbers 變數執行迴圈，依序做事情
6 function myLoop() {
7     // 每執行一次，就遞增 index 變數
8     for (index = 0; index < names.length; index++) {
9         var name = names[index]; // 透過 index 變數可以參考到資料
10        console.log('名字跟 index 變數:', name, index);
```

```
11      }
12      console.log('執行完 for 迴圈，index 現在是:', index);
13 }
14
15 function plusIndex() {
16      return (index += 1);
17 }
18
19 myLoop(); // 呼叫 myLoop 函式，執行函式的內容
20 console.log('執行 myLoop 函式後，幫 index 加 1: ', plusIndex());
```

myLoop 函式中，`for` 迴圈的 *index* 變數如果沒加 `var` 宣告，就不是區域變數，而形成了全域變數。剛好與第 3 行的 *index* 變數同名。

也就是說，*myLoop* 函式有關 *index* 變數的操作，都會影響到全域的 *index* 變數。

如果第 15 行的 *plusIndex* 函式，並不知道上面 *myLoop* 函式的存在，那麼它的回傳結果就不會是預期的 0 + 1，導致意外結果產生。

```
1 // 3-7.js
2 // 名字跟 index 變數: Yuri 0
3 // 名字跟 index 變數: Zoe 1
4 // 名字跟 index 變數: Bob 2
5 // 執行完 for 迴圈，index 現在是: 3
6 // 執行完 myLoop 函式後，再幫 index 加 1:  4
```

ES2015+ 的變數

為了解決 ES5 時宣告變數的許多潛在問題，在 ES2015 推出了有關變數宣告以及作用域的重大機制，並且在之後作為最佳實踐[6]，逐漸摒棄使用 `var` 宣告的方式。

6 最佳實踐（best practice）一詞是來自管理學，描述為了達到特定目的，產生的最優或是最能降低出錯的技術、方法、流程等。

區塊作用域（Block Scope）

根據全域作用域跟函式作用域的介紹，顧名思義，區塊作用域是指變數可以在特定的區塊內被存取和操作。

那麼「區塊」的範圍要怎麼界定呢？

其實很簡單，只要是由對稱一組的角括號（`{}`）包覆起來的範圍，就算是一個「區塊」。常用於建立函式、流程控制的內建語法，例如上面程式碼範例看到的 `for` 迴圈、`if/else`、`switch case` 等等。

有了區塊的概念後，作用域的劃分又更加嚴謹跟細緻，變數之間也不再任意地覆蓋與衝突。並且建立程式良好的維護性。

我們看以下的圖總覽目前為止介紹的作用域，以及變數可以存活的範圍。

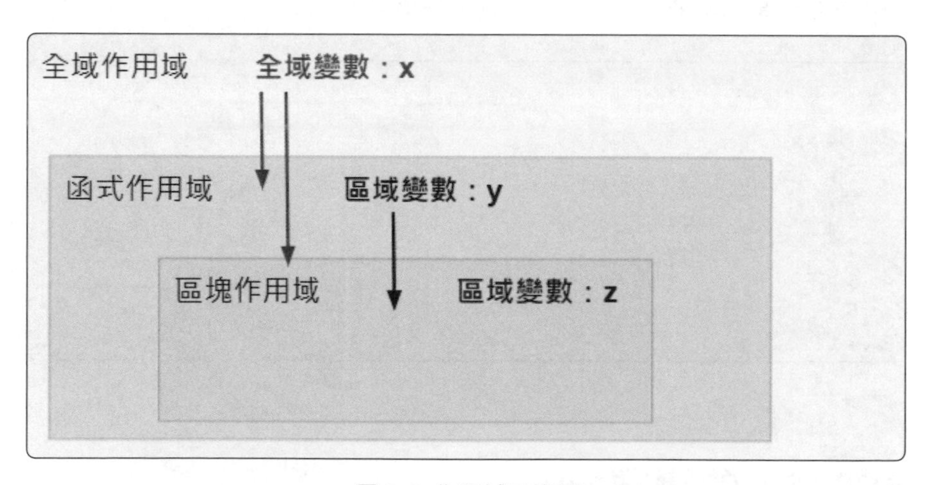

圖 3-2 作用域示意圖

宣告變數的關鍵字－ `let`

為了讓變數可以被視為區域變數使用，最好的方式就是以 `let` 宣告。

```
1 // 3-8.js
2 let names = ['Yuri', 'Zoe', 'Bob'];
3 let index = 0;
4
5 function myLoop() {
6     for (let index = 0; index < names.length; index++) {
7         // ...
8     }
9     console.log('執行完 for 迴圈，index 現在是:', index);
10 }
```

我們來改造上個範例程式碼。當把第 3 行與第 6 行的 *index* 變數都改成用 `let` 宣告。結果會發現，`for` 迴圈的 *index* 成為區域變數，只存活在 `for` 迴圈的角括號範圍裡。所以在第 9 行，會是印出全域的 *index* 變數。

```
1 // 3-9.js
2 // 名字跟 index 變數: Yuri 0
3 // ...
4 // 執行完 for 迴圈，index 現在是: 0
5 // 執行 myLoop 函式後，幫 index 加 1:  1
```

不過實務上為了程式品質，不建議取太多相同名稱的變數，造成解讀上的麻煩。

宣告常數的關鍵字－ `const`

如果想要定義一個指派初始值後，就不再改變的變數，可以使用 `const` 進行宣告。在嘗試修改時會提出錯誤提示，並且也擁有跟 `let` 一樣的作用域機制。

```
1 // 3-10.js
2 const iAmString = '我是文字喔!';
3 iAmString = 1000;
4 // error: Assignment to constant variable.
```

不過並不是所有的修改情況都會有錯誤提示。當變數是**物件型別**，像是陣列、物件等，有使用對應的內建方法更新變數值的話，是可以成功執行的。至於物件型別的定義是什麼，哪些資料是屬於物件型別呢？接下來會在 Day 04 探討更多細節。

```
1 // 3-11.js
2 const numbers = [1, 2, 3];
3 numbers.reverse(); // 反轉數字的順序位置
4 console.log('numbers: ', numbers); // numbers: (3) [3,2,1]
```

命名規則

前面除了提到不能使用保留關鍵字作為變數名稱以外，還有一些硬性限制，和開發者中普遍認定的命名規範。為變數建立直覺且有語意性的名稱，對於提升程式碼的品質也有舉足輕重之力。

關於強制性的要求有以下－

- 開頭的字元必須是英文大小寫、底線（_）、錢字符號（$）的其中之一。
- 開頭以外的其他字元組成，除了上述以外，也可以使用數字。
- 不可以跟保留關鍵字完全相同。
- 大小寫有區分。例如：*man* 跟 *Man* 會被認定為不同的變數。

```
1 // 3-12.js 錯誤的變數命名
2 let 123Variable = 'start with 123';
3 let use#and& = 'use some special characters';
4 let for = 'use reserved word - for';
```

另外公認良好的變數命名，規則主要有以下－

- 小駝峰式命名法（lower camel case）：變數名稱為兩個單字以上組成時，第一個單字開頭為小寫，後續的單字開頭則統一大寫。例如有個變數是使用者的帳戶資訊，取 *user* 加 *account* 加 *info* 組合，就變成了 *userAccountInfo*。
- 開頭字元：一般情況下盡量不使用底線（`_`）、錢字符號（$）。
- 常數命名：ES5 以前因為沒有宣告常數的關鍵字，所以會以全大寫來表達常數。有了 `const` 的出現，也可以跟變數一樣使用小駝峰式命名法。
- 盡量使用完整的單字，而非簡寫或是自訂的縮寫。
- 清楚表達作用的對象、狀態、動作等，讓變數名稱更具語意性。

```
1 // 3-13.js 不好的命名方式
2 let frdNameLs = ['1', '2'];
3 // 朋友的名稱列表，frd跟Ls字面上不清楚語意，並且過度縮寫了
4 // 改成 friendNameList 會更具語意性
5
6 let triggered = function () {};
7 // 判斷已經觸發點擊事件，可是名稱上看不出來觸發了什麼
8 // 改成 hasTriggeredClick 會更加完整
```

DAY

04 基本型別與物件型別

知道如何宣告變數後，接著要進一步探討等號的右邊，也就是指派給變數的值有哪幾種格式，不同的資料型態又有什麼樣的機制呢？。

資料本身有很多種形式－文字、數字、布林值、各種資料結構等。所以 ECMAScript 為了這些資料型態，定義了不同的「資料型別」，並且為了這些型別定義對應的「標準內建物件」，來擴充資料的屬性和操作方法。

具有基本型別的標準內建物件，通常有兩種變數的建立方式－

- 透過基本型別的途徑，以純值指派字面值。
- 執行標準內建物件的**建構函式**（**Constructor**），或是對應的全域方法。在 Day 07 中說明更多有關建構函式的部分。目前只要知道，建構函式是一種特殊函式，可以用來建立對應的資料變數即可。

基本型別（Primitive Types）

又稱為原始型別。除了本身的值以外，沒有其他的屬性或方法。基本型別也代表這個資料是「**純值**（**single value**）」。

在 ECMAScript 的定義中，目前有七種基本型別。有些基本型別，因為資料特性以及應用範圍較為廣泛，ECMAScript 還有提供對應的標準內建物件，擴充相關的屬性與方法。相關統整如表 4-1 所示。

表 4-1　基本型別列表

資料型態	對應的標準內建物件	中文通稱	對應章節
string	String	字串	Day 10
number	Number	數字	Day 12

資料型態	對應的標準內建物件	中文通稱	對應章節
bigint	BigInt	無	Day 13
symbol	Symbol	辨識符	Day 19
boolean	Boolean	布林值	本章節中說明
null	無	無	本章節中說明
undefined	無	未定義	本章節中說明

boolean ／ Boolean

在現實生活中，我們會用「真」、「偽」這種二分法來表達對事物的認知。例如商品有真品跟仿冒品、新聞有真假等。在程式運算上也是如此，有些操作需要以執行結果的真偽來做邏輯判斷。不過程式碼並不認識真、偽這兩個文字。因此在大多數的程式語言中，會以 `true` 代表「真」；以 `false` 代表「偽」，並統稱布林值（boolean）。

在 JavaScript 中，`boolean` 是基本型別，同時也具有標準內建物件。不過 `boolean` 的標準內建物件本身並沒有實作方法，而且只有一個 `length` 屬性，值固定回傳 1。

建立變數方面，如果使用標準內建物件的方式，在一些建立的邏輯判斷上容易造成混淆，因此實務上非常少用，多數會以基本型別的方式建立。

```
1 // 4-1.js
2 const hasRegistered = true;
3 let isLogined = false;
```

另外關於 JavaScript 中的條件判斷上，有些資料的判斷結果會等同於 `false`，雖然這些資料涵蓋了不同型別，不過它們有個概念性的通稱叫做 **falsy**；而這些資料以外的值，則統一稱為 **truthy**。

以下整理 falsy 的資料值列表，如表 4-2 所示。

表 4-2　falsy 的資料值列表

值	型別
false	boolean
0	number
NaN	number
' '（空字串）	string
null	null
undefined	undefined

```
1 // 4-2.js
2 const isZero = 0, isNaNNumber = Number.NaN, isEmptyString = '',
3     isNull = null,isUndefined = undefined;
4
5 // 滿足if條件就執行區塊內的程式
6 // 驚嘆號(!)是邏輯運算子，表示將布林值的結果反轉
7 if (!isZero) { console.log('0 是 falsy'); }
8 if (!isNaNNumber) { console.log('NaN 是 falsy'); }
9 if (!isEmptyString) {console.log('空字串("")是 falsy'); }
10 if (!isNull) {console.log('null 是 falsy'); }
11 if (!isUndefined) {console.log('undefined 是 falsy'); }
12
13 // 0 是 falsy
14 // NaN 是 falsy
15 // 空字串("")是 falsy
16 // null 是 falsy
17 // undefined 是 falsy
```

null

`null` 是在程式語言以及計算機科學中常見的資料格式，表示預期這個資料變數會指派到實際的值，例如文字、數字、其他的資料結構等，不過目前並沒有。

在 JavaScript 中，`null` 是基本型別，並且沒有標準內建物件。在條件判斷上是屬於 falsy 的邏輯範圍內。

```
1 // 4-3.js
2 let emoji = null;
3 console.log('建立 emoji 變數: ', emoji);
4
5 setTimeout(function () {
6     emoji = '😆';
7     console.log('印出表情符號吧!', emoji);
8 }, 100);
9
10 // 建立 emoji 變數: null
11 // 印出表情符號吧! 😆
```

undefined

如果有看過 Day 03 的話，相信你已經有看過這個字的出現了。在變數宣告時，如果沒有指派初始值，那麼這個變數的資料狀態就會是未定義的（`undefined`）。

在 JavaScript 中，跟 `null` 一樣是基本型別，並且沒有標準內建物件。在條件判斷上是屬於 falsy 的邏輯範圍內。

```
1 // 4-4.js
2 let noDefinedValue;
3
4 console.log('noDefinedValue:', noDefinedValue);
5 // noDefinedValue: undefined
```

變數間的指派

當變數被指派為基本型別的值後，如果再把這個變數指派給另外一個變數，會發生什麼事呢？

建立新的變數過程中，會將原有變數的純值，以「複製」的方式，配置到額外的記憶體空間。接下來就如同 Day 03 所講的變數建立過程一樣，宣告變數名稱，最後再進行指派。這樣的過程也叫做 **Call By Value（以值傳遞）**。

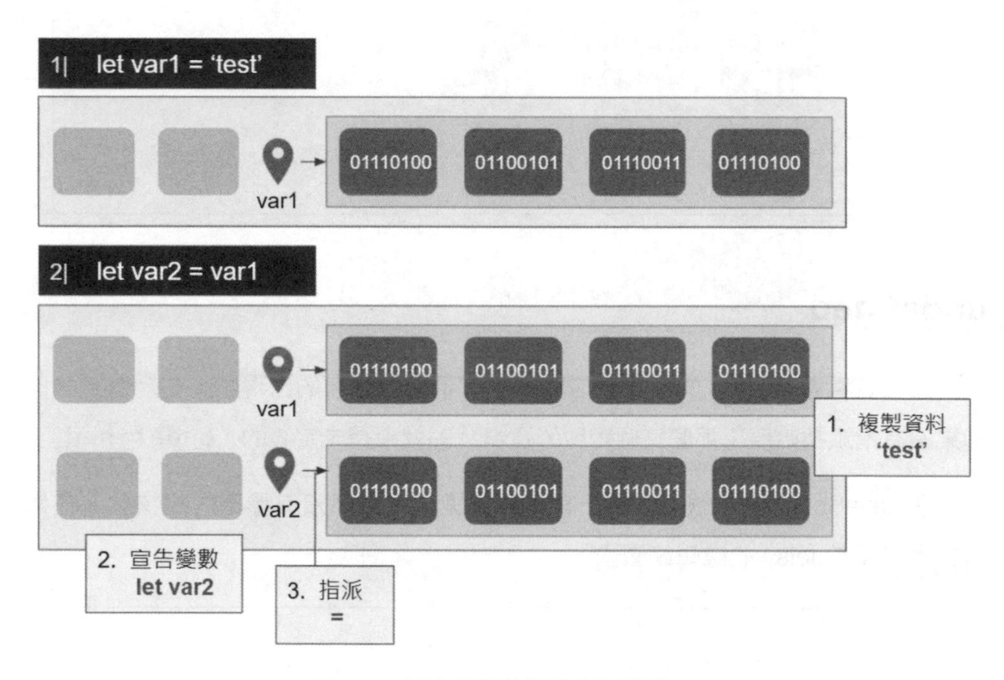

圖 4-1 基本型別的變數指派流程

這個機制的重點是，雖然看似新變數是指派了原有變數作為它的值，可實際上這兩個變數已經分別指派到不同筆資料了。就算更改了新變數的值，也不會影響到原有變數。相反地，原有變數的更新也不會影響到新變數。

```
1 // 4-5.js
2 let macMiniPrice = 30000;
3 let macBookPrice = macMiniPrice;
4
5 const hasBigSale = true;
6
7 if (hasBigSale) {
8     macBookPrice = macBookPrice * 0.6;
9 }
10
11 console.log('Mac Mini 的價格:', macMiniPrice);
12 console.log('Mac Book 的價格:', macBookPrice);
13
14 // Mac Mini 的價格: 30000
15 // Mac Book 的價格: 18000
```

我們會說，在 JavaScript 中，基本型別的變數具有**不可變的（Immutable）**的特性。

不過並非是指變數的值會固定不變，這樣的解釋也不合常理。而是指像以上的機制，就算變數本身被當作初始值，指派給其它的變數，原本變數指向的那份資料，也不會因為其它變數更改狀態而被變動。

物件型別（Object Types）

在 ECMAScript 的定義中，除了以上提到的基本型別以外，其他的資料型態都是物件型別，並且建立了對應的標準內建物件來實作屬性與方法。

其中有個物件型別叫做**物件（Object）**，它是所有物件資料型態的基礎。所有的標準內建物件都必須先鏈結這個資料型態，才能進行後續的實作。

為什麼呢？原因是這個資料型態已經定義好了物件型別的資料該有的屬性和方法，只要透過鏈結機制，之後建立的所有物件，就不用再自己實作。

由於很多名詞含有「物件」的名稱，後面的內容也會再提到很多次，因此內文中有強調是物件型別中的物件，只會以英文 `Object` 來表示。相關統整如表 4-3 所示。

表 4-3 物件型別列表

資料型態	中文通稱	對應章節
Object	物件	Day 05
Function	函式	Day 06
Class	類別	Day 18
RegExp	正規表達式	Day 11
Math	數學	Day 14
Array	陣列	Day 15
Set 與 WeakSet	無	Day 16
Map 與 WeakMap	無	Day 17
Generator	產生器	Day 29
Promise	無	Day 26
Proxy	無	Day 20
Reflect	無	Day 21
Intl	無	Day 22
WeakRef	弱參考	Day 23

變數間的指派

同樣地，來看當變數被指派為物件型別的值後，如果再把這個變數指派給另外一個變數，會發生什麼事呢？

建立新的變數過程中，並不是像基本型別那樣配置新的記憶體空間，把資料值複製過去給新變數使用。而是先取得資料在記憶體中的參考位址，宣告完變數名稱後，便以這個參考位址找到資料，最後把新變數指派到這份資料上。這樣的過程也叫做 **Call By Reference**（以參考傳遞）。

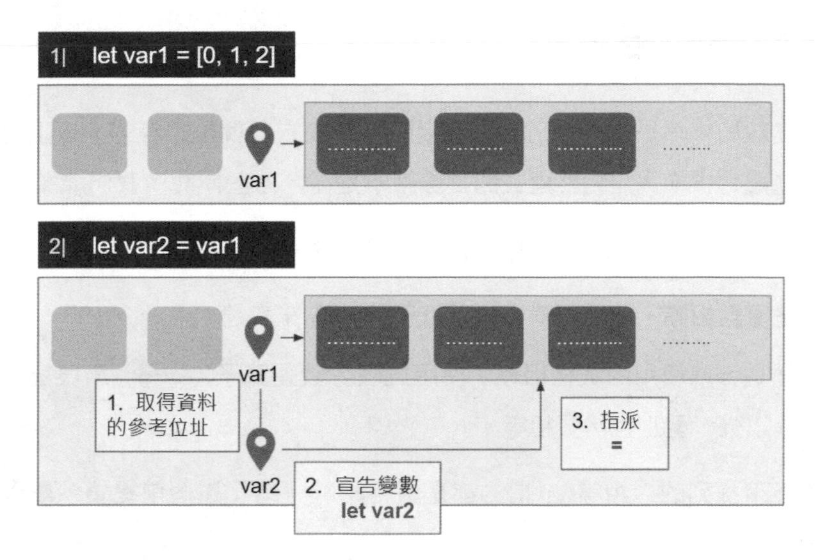

圖 4-2 物件型別的變數指派流程

從上方的示意圖可以觀察到一件事情：無論是以 *var1* 變數或 *var2* 變數來更新資料，都會影響到所有變數的值。

所以我們會說，物件型別的變數具有**可變的（Mutable）**的特性，當有多個變數指派到同一份資料時，就要承擔會有副作用[7]的風險。

```
1 // 4-6.js
2 let array1 = [0, 1, 2];
3 let array2 = array1;
4
5 array1.push(3);
6 array2.push(4);
7
8 console.log('array1:', array1);
9 console.log('array2:', array2);
10
11 // array1: (5) [0, 1, 2, 3, 4]
12 // array2: (5) [0, 1, 2, 3, 4]
```

7 副作用（Side Effect）是指因為額外的運算或資料狀態的改變等，對執行結果產生預期之外的作用。對程式設計來說，是需要盡量避免的。

資料型態的相等性

兩個變數如果都是基本型別，值也相同，那麼它們就是相等的。以上這句話是對的。不過透過標準內建物件建立的變數就不是了。怎麼說呢？我們繼續看下去。

首先來了解，在 JavaScript 中有兩種程度的相等比較：

- 一個是**寬鬆相等**，使用兩個等號運算子（`==`）來表達。
- 另一個是推薦使用的**嚴格相等**，使用三個等號運算子（`===`）來表達，除了純值相等以外，型別也需要相等。

在接下來提到的「相等」，指的都是嚴格相等。有了這個前提後，舉以下的程式碼來說明。

```
 1 // 4-7.js
 2 let a = 'q', b = 'q',
 3     c = new String('q'), d = new String('q');
 4 typeof a; // string
 5 typeof c; // object
 6 console.log('a:', a, ', c:', c); // a: q , c: String {"q"}
 7 a.toUpperCase(); // "Q"
 8 a === b; // true
 9 c === d; // false
10 c.valueOf() === d.valueOf(); // true
```

程式碼主要作以下事情－

1. 在第 1 行，以字面值的方式，建立了變數 *a* 與變數 *b*，都是值為 *q* 的字串。
2. 在第 2 行，以標準內建物件的方式，建立了變數 *c* 與變數 *d*，都是值為 *q* 的字串。
3. 在第 4、5 行，使用 `typeof` 運算子，印出變數 *a* 與變數 *c* 的型別。
4. 在第 6 行，印出變數 *a* 與變數 *c* 的值。
5. 在第 7 行，以變數 *a* 的值，執行轉換為字母大寫的動作。

6. 在第 8 行，驗證變數 *a* 與變數 *b* 是否相等。

7. 在第 9 行，驗證變數 *c* 與變數 *d* 是否相等。

8. 在第 10 行，使用物件型別的內建方法－ `valueof()` 取得變數 *c* 與變數 *d* 的純值，再驗證是否相等。

我們可以從結果觀察到幾件事情－

typeof 的回傳結果

基本型別的變數，會是回傳對應的基本型別名稱，例如 `string`。

大部分的標準內建物件，執行 `typeof` 的回傳結果會是 `object`。不過像是函式與類別，回傳結果會是 `function`。

基本型別的不可變與相等性

第 7 行對變數 *a* 轉換成字母大寫的操作，並不會修改變數 *a* 本身的值，而是以回傳新的值的方式來處理。因此第 8 行的執行結果回傳 `true`。

物件型別的變數間不會相等

儘管是透過同一種標準內建物件建立，傳入的初始值也相同，但是兩個變數仍然不相等。從第 9 行回傳 `false` 的結果就能驗證。

舉個生活中的例子，想像兩張相同大小和材質的白紙，我們會說這兩張紙長的一模一樣，但不會說它們是同一張紙。同理，只要物件型別的變數不是透過參考的方式建立，那麼它就不會與任何變數相等。

透過上述的說明，會發現如果要建立基本型別的變數，實務中比較常用的是透過字面值來建立。除了表達上比較精簡，也比較不容易發生預期外的結果。

另外在比較兩個值的相等，`==` 運算子和 `===` 運算子都有不合理的地方－

- `==` 運算子會自動轉換型別。

- `===` 運算子在一些特殊狀況會有判定問題－
  - `NaN` 不等於自己。
  - +0 等於 -0。

因此在 ES2015 中，有在 `Object` 中新增一個靜態方法，來解決以上的判定問題。

Object.is（*value1*，*value2*）

比較兩個值是否相等，並回傳布林值。以下列出回傳 true 的情況－

- 兩者都是 `undefined`／`null`／`NaN`／`true`／`false`／+0／-0。
- 兩者為完全相等的非零數值／字串。
- 兩者參考到同一個物件型別。

相關重點統整如表 4-4、4-5 所示。

表 4-4　Object.is 方法－參數說明

名稱	必要性	型別	預設值	說明
value1	是	任意型別	無	要比較的對象
value2	是	任意型別	無	要比較的對象

表 4-5　Object.is 方法－基本特性

ECMAScript	ES2015	方法類型	靜態
修改對象的值	否	回傳型別	boolean

```
1 // 4-8.js
2 const numbers = [1, 2, 3];
3 const numbers1 = numbers,
4     numbers2 = numbers;
5
6 const myObject = { name: 'ECMAScript 關鍵 30 天' };
7 const myObject1 = myObject,
8     myObject2 = myObject;
9
10 Object.is(numbers1, numbers2); //true
11 Object.is(myObject1, myObject2); //true
12 Object.is([1, 2, 3], [1, 2, 3]); //false
13 Object.is({ name: 'ECMAScript 關鍵 30 天' }, { name: 'ECMAScript
   關鍵 30 天' }); //false
```

DAY

05 物件（Object）

簡介

介紹資料型別的時候，有提到了標準內建「物件」、「物件」型別，其中還有個叫做「物件」的資料型態。提到了那麼多次的物件，想必在 JavaScript 中是個很重要的核心之一。在程式設計的領域中，物件到底是什麼呢？

試著描述真實世界中的物品，像是咖啡機。它有名稱、售價等商品資訊，還有磨豆、打奶泡、調整咖啡的口味等功能。廣義的物件就像一台咖啡機，是指資料本身的實體。其中，商品資訊就像是物件的「屬性（properties ／ attributes）」；功能就像是物件的「方法（methods ／ functions）。 而我們會統稱這些屬性和方法叫做物件中的「成員」。

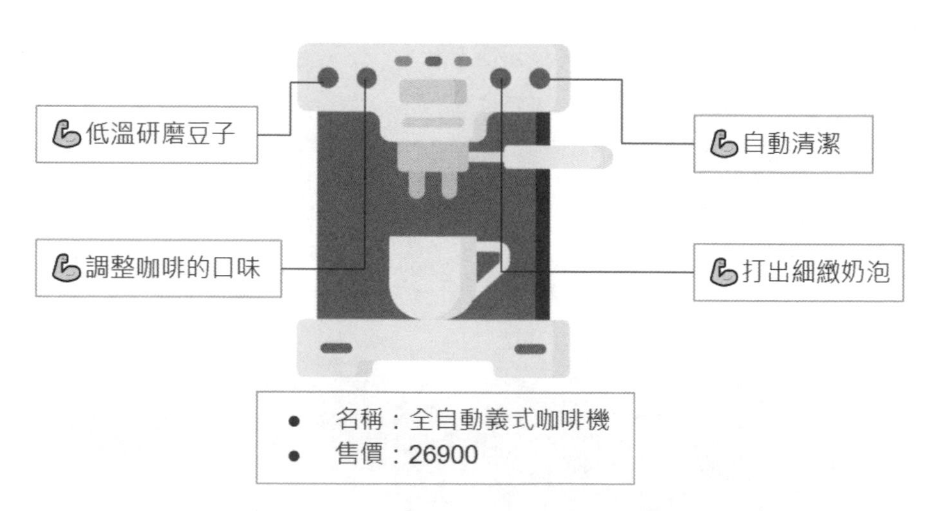

圖 5-1　咖啡機的商品資訊及功能示意圖

想要一杯香氣迷人的咖啡，只要對咖啡機按個功能鍵就可以完成了。但是在程式中，要怎麼存取或執行物件的成員呢？

物件中，每個成員都有個很重要的特性叫做**鍵**（**key**）。鍵就像鑰匙一樣，必須使用對應的鍵才能存取或執行。

而物件成員的實作內容也被稱為**值**（**value**）。因此，物件也可以說是鍵值對（key-value pair）的一種集合。

```
1 // 5-1.js
2 const coffeeMachine = {
3     name: '全自動義式咖啡機',
4     price: 26900,
5     groundBeans: function () {
6         console.log('💪低溫研磨豆子 ...');
7     },
8     setFlavor: function () {
9         console.log('💪調整咖啡的口味 ...');
10    },
11    // ...
12 };
```

從上方的程式碼來看，商品名稱的屬性，對應的鍵就是 *name*；磨豆方法的鍵，則是 *groundBeans*。

鍵的格式在 ES5 以前只能是基本型別的字串。不過在 ES2015 以後，也能接受 `symbol` 作為鍵。更多有關 `symbol` 的說明，可以參考 Day 19。

在這裡，舉最常見的字串格式來說明怎麼使用鍵。物件有提供兩種方式來存取或執行－

- 以點運算子（`.`）將鍵接在物件名稱之後。
- 以方括號（`[ ]`）包覆鍵，鍵的左右再加上單引號（`' '`）或雙引號（`" "`）形成字串，最後接在物件名稱之後。

延續上個範例程式－

```
1 // 5-2.js
2 console.log(coffeeMachine.name); // 全自動義式咖啡機
3 console.log(coffeeMachine['price']); // 26900
4
5 coffeeMachine.groundBeans(); // 低溫研磨豆子 ...
6 coffeeMachine['setFlavor'](); // 調整咖啡的口味 ...
```

想要為物件新增或修改成員，只要使用變數指派的方式就可以達成。

```
1 // 5-3.js
2 coffeeMachine.name = '義式全自動濃縮咖啡機 CFM-2475';
3 coffeeMachine.brand = '博碩家電';
4 coffeeMachine['weight'] = 5500;
5
6 console.log(coffeeMachine.name, '|', coffeeMachine.brand, '|',
  coffeeMachine.weight);
7 // 義式全自動濃縮咖啡機 CFM-2475 | 博碩家電 | 5500
```

以上就是物件最基本的樣貌。接著來探索物件在 JavaScript 中的更多特性。

建立方式

新增自訂物件時，基本上有以下幾種方式可以達成－

物件字面值（Object Literal）

實務中最常使用的方式。在上方的程式碼中，*coffeeMachine* 物件就是使用物件字面值的方式來建立。以角括號（`{ }`）包覆預設的成員，並以逗號（`,`）分隔。不過也可以不傳入任何成員，以空物件的形式建立。

```
1 // 5-4.js
2 const object1 = {};
3 const object2 = {
4     name: 'ECMAScript 關鍵 30 天',
5     author: 'Yuri',
6     sayHi: function () {},
7 };
```

new Object（*target*）

執行標準內建物件 `Object` 中的建構函式，可以傳入具有預設成員的物件；沒傳的話則會產生空物件。相關重點統整如表 5-1、5-2 所示。

表 5-1　new Object 方法－參數說明

名稱	必要性	型別	預設值	說明
target	否	Object	null	見下方說明

表 5-2　new Object 方法－基本特性

ECMAScript	ES5	方法類型	建構函式
修改對象的值	是（初始值）	回傳型別	Object

```
1 // 5-5.js
2 const object1 = new Object(); // {}
3 const object2 = new Object({
4     name: 'ECMAScript 關鍵 30 天',
5     author: 'Yuri',
6     sayHi: function () {},
7 });
```

Object.create（*proto*）

傳入自訂的原型物件 *proto*，建立原型不同於一般物件的空物件。更多有關原型和 `Object.create` 方法的說明，可以前往 Day 07 看更完整的解說。

建構函式（Constructor function）

使用 `new` 運算子，加上建構函式的呼叫後就可以建立物件。更多有關建構函式的說明，可以前往 Day 07 看更完整的解說。

類別（Class）

類別是 ES2015 後推出的標準內建物件。使用 `new` 運算子來呼叫類別中的建構函式，就可以建立物件。更多有關類別的說明，可以前往 Day 18 看更完整的解說。

屬性描述器（Property Descriptors）

無論是替物件自訂的屬性，或是內建的屬性，都有以下六種特徵來描述，可以判斷屬性是否可以進行 CRUD[8] 的操作，或是自訂存取屬性的行為－

值（value）

也就是屬性的值，是最能直接描述屬性的特徵。

8 CRUD 分別是新增（create）、讀取（read）、更新（update）與刪除（Delete）。常用來作為統稱操作資料方式的術語。

可列舉的（enumerable）

屬性是否可以被列舉出來。概念上可以對應到 CRUD 中的「R－讀取」。在 JavaScript 中如果要調整相關設定，描述器名稱為 `enumerable`。

屬性能不能列舉，也會影響到一些函式的執行結果，像是物件的迭代（`for ... in`、`Object.keys`）或是物件的序列化[9]（`JSON.stringify`）等。

可寫入的（writable）

屬性是否可以透過寫入的方式來編輯屬性值。概念上可以對應到 CRUD 中的「U－更新」。在 JavaScript 中如果要調整相關設定，描述器名稱為 `writable`。

可配置的（configurable）

這個特徵用來判斷是否可以對屬性做以下兩件事情－

- 更改「可列舉的」和「可寫入的」的設定。
- 使用 `delete` 運算子移除屬性。概念上可以對應到 CRUD 中的「D－刪除」。

在 JavaScript 中如果要調整相關設定，描述器名稱為 `configurable`。

取值器（getter）

取得屬性值時執行的方法，預設是回傳屬性值本身。可以透過 `Object` 內建的語法，傳入自訂的方法來處理回傳的結果。

9 序列化（Serialization）指的是將物件轉換為可以保存或是可以傳輸的資料格式。在 JavaScript 中常見的序列化格式為 JSON 格式的字串。

存值器（setter）

設定屬性值時執行的方法。預設是把屬性值設為傳入的值。可以透過 `Object` 內建的語法，傳入自訂的方法來處理存值的方式。

另外，這些特徵可以歸類分成以下兩種描述器，如表 5-3 所示－

表 5-3　描述器種類

特徵	資料描述器（data descriptor）	存取描述器（accessor descriptor）
value	✓	
enumerable	✓	✓
writable	✓	
configurable	✓	✓
get		✓
set		✓

資料描述器著重在控制初始值，以及是否可更新屬性值；存取描述器則是自訂屬性值的存取方式。

這兩種描述器就像是在切換模式，在自訂屬性的設定時，只能一致傳入資料描述器或是存取描述器的特徵。如果同時有這兩種描述器的特徵傳入，就會出現錯誤提示。

Object.defineProperty（*target*，*name*，*descriptors*）

之前有提到可以使用點運算子（`.`）或方括號（`[ ]`）的方式來新增或修改屬性。透過這種方式建立的屬性，會預設開啟「可列舉的」、「可寫入的」以及「可設置的」的描述器，也就是以上三種描述器會被設為 `true`。因此可以對這種屬性進行各種操作。

如果希望屬性需要做些操作限制，或是自訂存取行為的話，就可以使用這個物件的內建方法來達成。相關重點統整如表 5-4、5-5 所示。

表 5-4　Object.defineProperty 方法－參數說明

名稱	必要性	型別	預設值	說明
target	是	Object	無	要新增或修改屬性的對象
name	是	string	無	屬性的名稱（鍵）
descriptors	是	Object	無	見下方說明

表 5-5　Object.defineProperty 方法－基本特性

ECMAScript	ES5	方法類型	靜態
修改對象的值	是	回傳型別	Object

在參數 `descriptors` 中，可以設定屬性描述器的各種特徵。以下列出可以設定的參數，如表 5-6 所示－

表 5-6　descriptors 參數中可設定的選項

選項名稱	預設值	說明
value	undefined	屬性值
enumerable	false	可列舉的
writable	false	可寫入的
configurable	false	可配置的
get	undefined	自訂取值器的方法
set	undefined	自訂存值器的方法

不過有幾點需要注意的地方－

- 預設會關閉「可列舉的」、「可寫入的」以及「可設置的」的描述器，也就是這個屬性會成為唯讀、無法被列舉出來、也無法使用 `delete` 運算子移除。
- `value` 與 `writable` 無法跟 `get` 與 `set` 相容。原因它們分別屬於不同類型的描述器，無法混合傳入。

從幾個簡單的例子來熟悉這個方法的使用，以及需要注意的地方吧！

```
1 // 5-6.js
2 let bookData = {
3     name: 'ECMAScript 關鍵 30 天',
4 };
5
6 Object.defineProperty(bookData, 'author', {
7     value: 'Yuri',
8 });
9
10 bookData.author = 'John';
11 console.log('本書作者:', bookData.author); // 本書作者: Yuri
```

上方程式碼中，參數 *descriptors* 中只有傳入 `value`，表示 *author* 屬性成為唯讀屬性。就算在第 10 行重新指派，也不會改變其屬性值。

```
1 // 5-7.js
2 let _price = 0;
3 Object.defineProperty(bookData, 'price', {
4     set: function (value) {
5         _price = value + 100;
6     },
7     get: function () {
8         return _price - 200;
9     },
10     configurable: true,
11     enumerable: true,
12 });
13
14 bookData.price = 500;
15 console.log('本書價格:', bookData.price);
16 // 本書價格: 400 (500 + 100 - 200)
```

延續上個範例程式，上方程式碼中，參數 *descriptors* 中傳入存取描述器的特徵，並且建立 *_price* 變數，負責儲存目前的屬性值。在第 5 行會執行存值器，把值加 100 指派到 *_price* 變數；第 15 行印出 *price* 屬性時會執行取值器，把變數值減 200 再回傳。

Object.defineProperties（*target*，*props*）

需要一次設定多個屬性的話，可以使用這個內建方法一次完成。在第二個參數中傳入一個物件，把屬性的名稱作為鍵，屬性值則傳入帶有描述器設定的物件。相關重點統整如表 5-7、5-8 所示。

表 5-7　Object.defineProperties 方法－參數說明

名稱	必要性	型別	預設值	說明
target	是	Object	無	要新增或修改屬性的對象
props	是	Object	無	見下方說明

表 5-8　Object.defineProperties 方法－基本特性

ECMAScript	ES5	方法類型	靜態
修改對象的值	是	回傳型別	Object

延續上個範例程式－

```
1 // 5-8.js
2 let _price = 0;
3 Object.defineProperties(bookData, {
4     author: {
5         value: 'Yuri',
6     },
7     price: {
8         value: 400,
9     },
10 });
```

Object.getOwnPropertyDescriptor（*target*，*name*）

如果需要查詢某個屬性的描述器設定，使用這個內建方法，在第二個參數傳入屬性名稱就能回傳該屬性的特徵值。相關重點統整如表 5-9、5-10 所示。

表 5-9　Object. getOwnPropertyDescriptor 方法－參數說明

名稱	必要性	型別	預設值	說明
target	是	Object	無	要查詢屬性的對象
name	是	string	無	屬性的名稱（鍵）

表 5-10　Object. getOwnPropertyDescriptor 方法－基本特性

ECMAScript	ES5	方法類型	靜態
修改對象的值	否	回傳型別	Object

延續上個範例程式－

```
1 // 5-9.js
2 Object.defineProperty(bookData, 'author', {
3     value: 'Yuri',
4 });
5
6 const descriptor = Object.getOwnPropertyDescriptor(bookData,
  'author');
7 console.log(descriptor);
8 // { value: "Yuri", writable: false, enumerable: false,
  configurable: false }
```

Object.getOwnPropertyDescriptors（*target*）

ES2017 後釋出了這個靜態內建方法，可以一次就取得物件本身所有的屬性特徵。相關重點統整如表 5-11、5-12 所示。

表 5-11　Object.getOwnPropertyDescriptors 方法－參數說明

名稱	必要性	型別	預設值	說明
target	是	Object	無	要查詢屬性的對象

表 5-12　Object.getOwnPropertyDescriptors 方法－基本特性

ECMAScript	ES2017	方法類型	靜態
修改對象的值	否	回傳型別	Object

延續上個範例程式－

```
1 // 5-10.js
2 const descriptors = Object.getOwnPropertyDescriptors(bookData);
3 console.log(descriptors);
4 /* {
5     name: {
6         configurable: false,
7         enumerable: false,
8         value: "Yuri",
9         writable: false
10    },
11    author: { ... }
12 }*/
```

hasOwnProperty（*name*）

檢查物件本身是否含有特定的成員。相關重點統整如表 5-13、5-14 所示。

表 5-13　hasOwnProperty 方法－參數說明

名稱	必要性	型別	預設值	說明
name	是	string	無	屬性的名稱（鍵）

表 5-14　hasOwnProperty 方法－基本特性

ECMAScript	ES5	方法類型	實體
修改對象的值	否	回傳型別	Object

```
 1 // 5-11.js
 2 const proto = {
 3     name: 'ECMAScript 關鍵 30 天',
 4     author: 'Yuri',
 5 };
 6
 7 const bookData = Object.create(proto); // proto是bookData的原型
 8 bookData.price = 400;
 9
10 console.log(bookData.author,
   bookData.hasOwnProperty('author')); // Yuri false
11 console.log(bookData.price, bookData.hasOwnProperty('price'));
   // 400 true
```

物件的複製

先複習 Day 04 提到有關變數間的指派方式。基本型別是以值傳遞，以複製純值的方式，配置到額外的記憶體空間；物件型別是以參考傳遞，是先取得資料在記憶體中的參考位址，讓變數透過這個位址，指派到這份資料上。

由於物件的屬性可以是單層結構，也可以是非常多層，屬性值是複雜的子物件等。所以物件的複製方式有分兩種－

淺層複製（Shallow Copy）

也叫做淺拷貝，顧名思義這種方式並不會進行完整的複製。規則主要有以下－

- 第一層的屬性，如果值是基本型別（數字、字串、布林值等），會依照以值傳遞的方式複製；是物件型別的話（物件、陣列、函式等），則是以參考傳遞的方式處理。
- 第二層以內的屬性值，無論是基本型別或是物件型別，一律以參考傳遞的方式處理。

ES2015 時釋出了以下兩種進行淺層複製的方式－

Object.assign（***target***，***obj1***，**...** ，***objN***）

複製所有傳入物件的可列舉屬性，並合併到日標物件中，最後回傳被合併過後的目標物件。相關重點統整如表 5-15、5-16 所示。

表 5-15　Object.assign 方法－參數說明

名稱	必要性	型別	預設值	說明
target	是	Object	無	目標物件
obj1 ... N	否	Object	無	要被複製的物件們

表 5-16　Object.assign 方法－基本特性

ECMAScript	ES2015	方法類型	靜態
修改對象的值	是	回傳型別	Object

想把一些物件進行合併時，這個方法就能幫助物件進行合併。如果之間有屬性名稱相同時，會以後蓋前的方式取代掉。

要注意的是，目標物件同時也會被修改到。如果希望目標物件不被修改到，第一個參數可以改傳入空物件的字面值（`{}`）。

```
1 // 5-12.js
2 const myObject1 = { a: 1, b: 2 };
3 const myObject2 = { b: 4, c: 5 };
4
5 const result1 = Object.assign(myObject1, myObject2);
6 const result2 = Object.assign({}, myObject1, myObject2);
7
8 console.log(result1, result1 === myObject1);
9 // { a: 1, b: 4, c: 5 } true
10 console.log(result2, result2 === myObject1);
11 // { a: 1, b: 4, c: 5 } false
```

展開運算子（spread operator）

物件中使用展開運算子的方式很簡單，直接在被複製的物件名稱前加上 ...（三個小數點）即可。有多個物件的話，就用逗號（,）分隔。

```
1 // 5-13.js
2 const bookData = {
3     name: 'ECMAScript 關鍵 30 天',
4     author: 'Yuri',
5 };
6
7 const authorData = {
8     author: 'Yuri Tsai',
9     age: 20,
10 };
11
12 const data = { ...bookData, ...authorData };
13 // {name: "ECMAScript 關鍵 30 天", author: "Yuri Tsai", age: 20}
```

深層複製（Deep Copy）

也叫做深拷貝，無論屬性的層次有多深，以及屬性值是基本型別或物件型別，都能像以值傳遞的方式一樣，把值複製出來後，再配置額外的記憶體空間存放。

目前實務上較為理想的內建方法是使用 `JSON` 物件提供的兩種方法－ `parse` 跟 `stringify` 來達成。

JSON.parse（*target*）& JSON.stringify（*target*）

流程上是先使用 `JSON.stringify（object）` 將物件序列化，成為物件字串，再使用 `JSON.parse（string）` 把物件字串傳入來反序列化。透過這樣資料型態的變化，就能幾乎複製所有內容。不過以下狀況除外，無法進行複製－

- 屬性的鍵，型別是 `symbol`。有關 `symbol` 介紹，可以參考 Day 19。
- 屬性的值是 `undefined`。
- 函式，轉換過程物中一律被視為 `undefined`。

相關重點統整如表 5-17、5-18 所示。

表 5-1　JSON.parse ／ JSON.stringify 方法－參數說明

名稱	必要性	型別	預設值	說明
string	是	string	無	已經序列化的物件字串
target	是	Object	無	目標物件

表 5-18　JSON.parse ／ JSON.stringify 方法－基本特性

ECMAScript	ES5	方法類型	靜態
修改對象的值	否	回傳型別	Object

```
1 // 5-14.js
2 const bookData = {
3     name: 'ECMAScript 關鍵 30 天',
4     author: 'Yuri',
5     pages: undefined,
6     [Symbol('secret number')]: 2346,
7     printName: function () {
8         console.log(name);
9     },
10 };
11
12 const copied = JSON.parse(JSON.stringify(bookData));
13 // {name: "ECMAScript 關鍵 30 天", author: "Yuri"}
```

物件的不可變（Immutability）

如果希望物件在建立或某項操作後，不會被更改或擴充屬性，有幾種方式是可以達成的。像是在上面有提到的屬性描述器跟 `Object.defineProperties` 方法，將所有屬性的 `writable` 和 `configurable` 都設為 `false`。

需要注意的是，物件並不能做到百分百的不可變，如果物件中有屬性是指到物件型別資料的參考，那麼這屬性還是有機會被修改的。

以下列出物件的幾種內建方法來達成物件的不可變。

Object.preventExtensions（*target*）

防止物件進行屬性的擴充，也就是新增屬性的行為，嘗試新增的話就會出現錯誤提示。但是在刪除屬性，或是更新屬性值的話還是可以的。相關重點統整如表 5-19 至 5-21 所示。

表 5-19　Object.preventExtensions 方法－參數說明

名稱	必要性	型別	預設值	說明
target	是	Object	無	目標物件

表 5-20　Object.preventExtensions 方法－基本特性

ECMAScript	ES5	方法類型	靜態
修改對象的值	否	回傳型別	Object

表 5-21　Object.preventExtensions 方法－對應 CRUD

C－新增	R－讀取	U－更新	D－刪除
	✓	✓	✓

ES5 前，如果傳入的參數不是物件，會出現錯誤提示。但是在 ES2015 後有做了調整，變成回傳參數本身。

延續上個範例程式－

```
 1 // 5-15.js
 2 Object.preventExtensions(bookData);
 3
 4 try {
 5     Object.defineProperty(bookData, 'author', {
 6         value: 'Yuri',
 7     });
 8 } catch (e) {
 9     console.log(e);
10 }
11 // error: Cannot define property author...
```

Object.seal（*target*）

中文的通稱叫做封裝。用途是無法新增或刪除物件的屬性，對於屬性的特徵設定也不能調整（除了值以外）。不過可以對屬性重新賦值。相關重點統整如表 5-22 至 5-24 所示。

表 5-22　Object.seal 方法－參數說明

名稱	必要性	型別	預設值	說明
target	是	Object	無	目標物件

表 5-23　Object.seal 方法－基本特性

ECMAScript	ES5	方法類型	靜態
修改對象的值	否	回傳型別	Object

表 5-24　Object.seal 方法－對應 CRUD

C－新增	R－讀取	U－更新	D－刪除
	✓	✓	

延續上個範例程式－

```
 1 // 5-16.js
 2 Object.seal(bookData);
 3
 4 bookData.name = '小王子';
 5
 6 bookData.author = 'Yuri'; // 嘗試新增屬性
 7
 8 Object.defineProperty(bookData, 'name', {
 9     writable: false,
10     configurable: false,
11 }); // 嘗試修改屬性的特徵
12
13 delete bookData.name; // 嘗試刪除屬性
14
15 console.log(bookData); // {"name": "小王子"}
```

Object.freeze（*target*）

中文的通稱叫做凍結。基本上只能查詢屬性。相關重點統整如表 5-25 至 5-27 所示。

表 5-25　Object.freeze 方法－參數說明

名稱	必要性	型別	預設值	說明
target	是	Object	無	目標物件

表 5-26　Object.freeze 方法－基本特性

ECMAScript	ES5	方法類型	靜態
修改對象的值	否	回傳型別	undefined

表 5-27　Object.freeze 方法－對應 CRUD

C－新增	R－讀取	U－更新	D－刪除
	✓		

延續上個範例程式－

```
1 // 5-17.js
2 Object.freeze(bookData);
3
4 bookData.name = '小王子'; // 嘗試更新屬性值
5
6 bookData.author = 'Yuri'; // 嘗試新增屬性
7
8 Object.defineProperty(bookData, 'name', {
9     writable: false,
10    configurable: false,
11 }); // 嘗試修改屬性的特徵
12
13 delete bookData.name; // 嘗試刪除屬性
14
15 console.log(bookData); // {"name": "ECMAScript 關鍵 30 天"}
```

迭代與遍歷

Object.keys (*target*)

取得物件本身所有可列舉的屬性，並將屬性的鍵存入陣列回傳。相關重點統整如表 5-28、5-29 所示。

表 5-28 Object.keys 方法－參數說明

名稱	必要性	型別	預設值	說明
target	是	Object	無	目標物件

表 5-29 Object.keys 方法－基本特性

ECMAScript	ES5	方法類型	靜態
修改對象的值	否	回傳型別	Array

Object.values (*target*)

ES2017 中推出了跟 `Object.keys` 方法類似的方法。取得目標物件本身所有可列舉的屬性，並將屬性的值存入陣列來回傳。相關重點統整如表 5-30、5-31 所示。

表 5-3 Object.values 方法－參數說明

名稱	必要性	型別	預設值	說明
target	是	Object	無	目標物件

表 5-31 Object.values 方法－基本特性

ECMAScript	ES2017	方法類型	靜態
修改對象的值	否	回傳型別	Array

延續上個範例程式－

```
1 // 5-18.js
2 Object.defineProperty(bookData, 'secret', {
3     value: 999,
4     enumerable: false,
5 });
6
7 console.log(Object.keys(bookData)); // ["name", "author"]
8 console.log(Object.values(bookData));
9 // ["ECMAScript 關鍵 30 天", "Yuri"]
```

Object.entries（*target*）

依序對目標物件的可列舉屬性，產生鍵值對的陣列（`[key，value]`）後，再存入陣列中回傳。相關重點統整如表 5-32、5-33 所示。

表 5-32　Object.entries 方法－參數說明

名稱	必要性	型別	預設值	說明
target	是	Object	無	目標物件

表 5-33　Object.entries 方法－基本特性

ECMAScript	ES2017	方法類型	靜態
修改對象的值	否	回傳型別	Array

Object.fromEntries（*target*）

根據上方提到的方法－ `Object.entries` 回傳的結果，轉換成具有同樣可列舉屬性的全新物件。相關重點統整如表 5-34 至 5-36 所示。

表 5-34 Object.fromEntries 方法－參數說明

名稱	必要性	型別	預設值	說明
target	是	Array	無	屬性的鍵值對陣列

表 5-35 Object.fromEntries 方法－基本特性

ECMAScript	ES2019	方法類型	靜態
修改對象的值	否	回傳型別	Object

表 5-36 Object.fromEntries 方法－運作環境支援度

Chrome	Edge	Firefox	Safari	Node.js
v73 以上	v79 以上	v63 以上	v12.1 以上	v12.0.0 以上

延續上個範例程式－

```
1 // 5-19.js
2 Object.defineProperty(bookData, 'secret', {
3     value: 999,
4     enumerable: false,
5 });
6
7 const bookEntries = Object.entries(bookData);
8 const newBookData = Object.fromEntries(bookEntries);
9
10 console.log(bookEntries);
11 // [["name", "ECMAScript 關鍵 30 天"], ["author", "Yuri"]]
12 console.log(newBookData, Object.is(bookData, newBookData));
13 // {name: "ECMAScript 關鍵 30 天", author: "Yuri"} false
```

for (let *prop* in *target*) { ... }

遍歷目標物件本身以及原型鏈中可列舉的屬性。

延續上個範例程式－

```
1 // 5-20.js
2 let proto = {};
3 Object.defineProperty(proto, 'publisher', {
4     value: '博碩出版',
5     enumerable: true,
6 });
7
8 let bookData = Object.create(proto); // proto成為bookData的原型
9 bookData.name = 'ECMAScript 關鍵 30 天';
10
11 for (let prop in bookData) {
12     console.log(`可列舉的屬性: ${prop}`);
13 }
14 // 可列舉的屬性: name
15 // 可列舉的屬性: publisher
```

ES2015+ 重要特性

變數名稱填入賦值

當填入變數名稱，其名稱會成為屬性名稱，而變數的值成為屬性值。

```
1 // 5-21.js
2 let name = 'ECMAScript 關鍵 30 天';
3 let author = 'Yuri';
4
5 const data = { name, author };
6 // { name: "ECMAScript 關鍵 30 天", lead: "Yuri"}
```

簡化新增方法方式

除了可以像上面一樣變數賦值，也可直接在方法名稱後加 `(){}` 包覆實作內容。

```
1 // 5-22.js
2 function sayHi() {
3     console.log('Say Hi! ');
4 }
5
6 const data1 = { name, author, sayHi };
7 const data2 = {
8     sayBye() {
9         console.log('Say Bye! ');
10    },
11 };
```

動態屬性名稱

屬性名稱以 `[variable]` 加上樣板字面值的搭配來包覆變數，可以動態指定屬性名稱。

```
1 // 5-23.js
2 const platforms = ['FB', 'IG', 'LINE'];
3 let myObject = {};
4
5 platforms.map((name, index) => (myObject[`sns_${s}`] = index));
6
7 console.log(myObject);
8 // {
9 //    sns_FB: 0
10 //   sns_IG: 1
11 //   sns_LINE: 2
12 // }
```

物件的解構賦值（Destructuring Assignment）

解構賦值是 ES2015 的新特性，只需要一行表達式，就可以把物件中的成員個別指派到跟鍵相同的變數，方便後續的存取。寫法上是將等號左邊的變數排列在物件中，等號右邊則是目標物件。

```
1 // 5-24.js
2 const bookData = {
3     name: 'ECMAScript 關鍵 30 天',
4     author: 'Yuri',
5     publish: '博碩',
6 };
7
8 const { name } = bookData;
9 console.log(name); // ECMAScript 關鍵 30 天
```

ES2018 後，物件的解構賦值可以搭配其餘運算子，將剩下的物件成員指派到接在運算子之後的變數。相關重點統整如表 5-37 所示。

表 5-37　物件中使用其餘運算子－運作環境支援度

Chrome	Edge	Firefox	Safari	Node.js
v60 以上	v79 以上	v55 以上	v11.1 以上	v8.3.0 以上

延續上個範例程式－

```
1 // 5-25.js
2 const { name, ...otherProps } = bookData;
3 console.log(name); // ECMAScript 關鍵 30 天
4 console.log(otherProps); // {author: 'Yuri', publish: '博碩'}
```

DAY

06 函式（Function）

認識完重要的物件後，接著要認識另一個也是 JavaScript 核心的組成－函式。

先從日常生活來聯想函式基本的樣貌，以及扮演的角色。

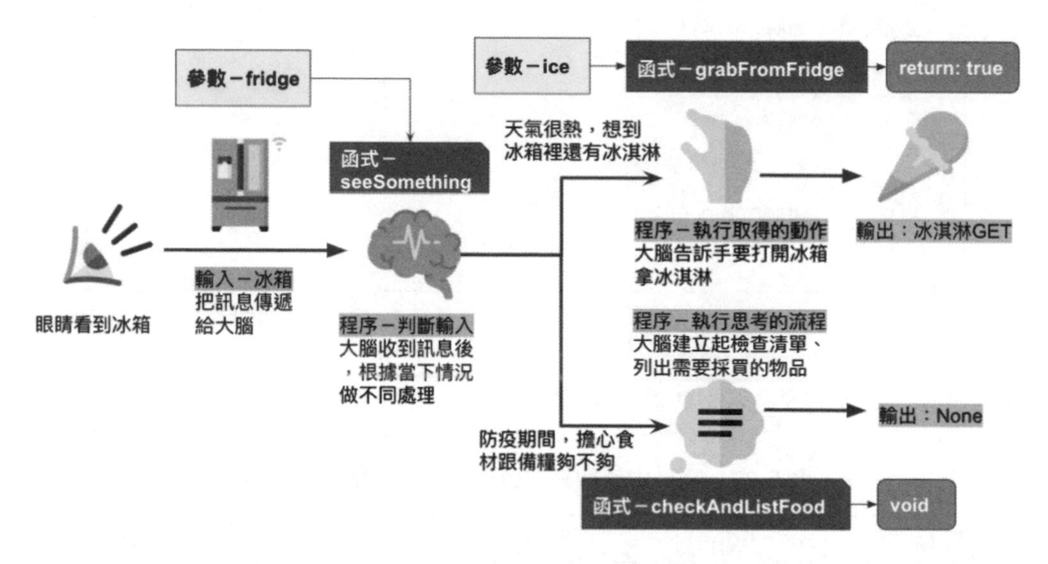

圖 6-1　看到冰箱後的動作流程示意圖

以上方的示意圖來看，如果看一般的文字敘述，就是我們熟悉的白話文說明。接著看反白的文字敘述，會發現這些動作可以分成**輸入－程序－輸出（Input－Process－Output，IPO）**，這也是軟體工程中很用來描述與驗證資訊流程的模型。

文字方塊的部分則是對應到 JavaScript 的術語。總共有以下重點－

- 輸入的對應叫做**參數（Arguments／Parameters）**，用途是傳入程序所對應到的「函式」，讓函式對參數進行處理。

- 觀察 *grabFromFridge* 函式，做的事情是從冰箱裡拿東西。至於要拿什麼，則是以參數來決定。
- *checkAndListFood* 函式不需傳入參數，只是要做關於食材的思考流程。從以上兩項可以知道函式能選擇性的傳入參數。
- 輸出的對應叫做**返回**（`return`），並且有兩種狀態－
  - 有回傳值，表示函式執行完後，會取得結果；
  - 另一種則是 `undefined`，簡單來說就是事情做完就結束了。

所以，函式就是包覆程序中一連串的動作，可重複性地**呼叫**（**call** ／ **invoke**）來執行動作內容，來取得輸出或完成目的。

有了初步認識以後，馬上進入 JavaScript 中函式實作的眉角吧！

基本組成

撰寫一個函式，通常會有以下要素－

- 函式的名稱：良好的命名基本上採小駝峰式命名法，並富有語意性。不過根據建立方式的不同，不一定會有名稱。
- 括號包覆要傳入的參數：可以傳入一個，也可以使用逗號（`,`）來分隔多個參數。關於更多參數的說明會在後面提到。
- 角括號（`{ }`）包覆執行細節：集中相關的執行指令，最終返回值，或是直接結束。

grabFromFridge	(stuff = 'ice cream')	{ // do something }
名稱	參數	執行細節

圖 6-2　函式的基本結構

建立方式

函式的建立方式分成兩種。除了語法結構不太一樣以外，主要差異是在執行環境中被提升宣告的程度。這種差異也造就了各自適合使用的時機。

函式陳述式（Function Statement）

又稱為函式宣告式（Function Declaration）、具名函式。以函式宣告的關鍵字 `function` 開頭，再接著上方提到的所有基本組成，就完成了一個函式陳述式。

```
1 // 6-1.js
2 function grabFromFridge(stuff) {
3     console.log('從冰箱拿出:', stuff);
4     // do something ...
5 }
```

從它的各種名稱，可以得知這種函式具有以下的特性－

具名

函式一定會有名稱。

陳述式

語法上遵循區塊陳述的多行結構，著重在執行了哪些動作。

宣告式

最重要的特性。執行環境中解析函式時，會將函式本身作為一個宣告進行提升。實際上會在記憶體中以函式的名稱建立，並指派實作部分的區塊作為初始值。因此，就算在函式建立前先呼叫它，也能正常地執行。

```
1 // 6-2.js
2 grabFromFridge('冰淇淋'); // 從冰箱拿出: 冰淇淋
3
4 function grabFromFridge(stuff) {
5     console.log('從冰箱拿出:', stuff);
6 }
```

實務開發中，函式陳述式適合定義全域性、功能小巧獨立、不需顧慮呼叫順序等的函式。

函式表達式（Function Expression）

語法上就像是進行變數的指派，所形成的一種表達式。主要有以下三個組成－

- 以等號（`=`）作為指派用的運算子。
- 等號左邊是變數宣告的關鍵字（通常是 `const`），再加上變數名稱。
- 等號右邊是像函式陳述式般的結構，不過通常不會有函式名稱，形成匿名函式（Anonymous Function）。

```
1 // 6-3.js
2 const grabFromFridge = function (stuff) {
3     console.log('從冰箱拿出:', stuff);
4     // do something ...
5 };
```

執行環境中解析函式時，會提升的只有等號左邊的變數名稱。等到執行階段中呼叫函式時，才會把實作部分的區塊指派給變數。因此，要在函式建立之後，才能呼叫這種類型的函式。

```
1 // 6-4.js
2 grabFromFridge('冰淇淋');
3 // error: grabFromFridge is not defined
4
5 const grabFromFridge = function (stuff) {
6     console.log('從冰箱拿出:', stuff);
7 };
```

實務開發中，函式表達式適合定義只在某個作用域範圍內才會被呼叫，或是不一定會被執行到的函式。

箭頭函式（Arrow Function）

在 ES2015 時推出的新標準。允許讓開發者在建立函式時省去寫 `function` 的關鍵字，以箭頭（`=>`）來代替，寫法跟以上兩種方式相比簡潔許多。相關重點統整如表 6-1 所示

表 6-1 箭頭方法－基本特性

符號	=>（箭頭）	ECMAScript	ES2015

根據參數的數量和程式碼的行數，寫法上會有些不同以及彈性空間。

參數數量

- 沒有參數，或是有兩個參數以上的話，箭號左邊一定要有括號。
- 只有一個參數的話，箭號左邊不一定要有括號。

```
1 // 6-5.js
2 () => {
3     console.log('沒有參數');
4 };
5 parameter => {
6     console.log('只有一個參數');
7 };
```

程式碼行數

- 有兩行以上，需要以角括號（`{}`）包覆程式碼形成陳述式的區塊。
- 只有一行的話，可以省去角括號（`{}`）。要以 `return` 回傳結果的話，也可以省略 `return` 關鍵字。不過回傳結果是物件的話，物件外面需要以括號包覆。

```
1 // 6-6.js
2 () => console.log('只有一行程式碼');
3 () => [1, 2, 3, 4, 5];
4 () => ({ name: 'Yuri' });
```

重要的特性

- 取代函式表達式的等號右邊的實作方式。
- 成為匿名函式的簡短寫法版本。
- 沒有參數的內建物件 `arguments` 可以存取。
- 如果有使用 `this` 關鍵字，需要注意在不同作用域下的指向。更多有關 `this` 的說明，可以前往 Day 08 看更完整的解說。
- 不能作為建構函式。更多有關建構函式的說明，可以前往 Day 07 看更完整的解說。

重要概念

一級函式（First-Class Function）

驚不驚喜，意不意外？其實函式也是物件中的一種喔！

在 Day 04 提到物件型別時，`Function` 物件就有出現在標準內建物件的列表中。我們可以把函式想成是一種特別的物件，並且它預設有兩種屬性，一個是 *name*，也就函式名稱；另一個是 *code*，對應的是函式的執行內容。

```
1 // 6-7.js
2 {
3     name: 'grabFromFridge',
4     code: 'function(stuff) { console.log("從冰箱拿出", ...'
5 }
```

既然是物件，就可以把函式當作變數指派，或作為參數傳到另一個函式中，又或者把函式當作另一個函式的結果回傳。這也是為什麼可以實作出回呼函式、高階函式等。在 JavaScript 中，這樣的函式就稱為一級函式。

閉包與柯里化（Closure & Currying）

剛剛提到，由於函式是一級函式，所以可以在函式中回傳另一個函式，而且還可以指派給變數。假設有個函式需要傳入多個參數，其中有個參數很常是固定值。那麼為了精簡參數的處理，是不是能利用這些特性，解決這個問題呢？

答案是可以的，我們先把要固定值的參數提出，作為第一層函式的參數。接著在第一層函式中，回傳目標函式。

```
1 // 6-8.js
2 // 一般的函式
3 function getAPIURL1(base, url) {
4     return base + '/' + url;
5 }
6
7 // 閉包函式
8 function getAPIURL2(base) {
9     return function (url) {
10        return base + '/' + url;
11    };
12 }
```

接著宣告變數並呼叫第一層函式，把剛剛提出的參數傳入設定值，回傳結果就是一種閉包函式，讓參數值可以保存在這個閉包函式中。

```
1 // 6-9.js
2 // 建立base參數是 https://myapp.com 的函式
3 const getRemoteAPIURL = getAPIURL2('https://myapp.com');
```

因此，當呼叫這個變數指向的函式時，就只需要傳入剩下的參數就好。像這樣把一個有多個參數的函式，透過閉包轉換成只需傳入較少，或甚至只有一個參數的過程，就叫做柯里化。

```
1 // 6-10.js
2 const configURL = getAPIURL1('https://myapp.com',
  'user/config');
3 // 等於以下方式
4 const configURL = getRemoteAPIURL('user/config');
```

純函式與副作用

純函式（Pure Function）是一種撰寫函式的模式，很常運用在 Functional Programming[10] 中。簡單來說，純函式在執行過程中完全不會存取和影響到外部的變數。而且只要傳入相同的參數，每一次的執行結果都會是相同的。

10 Functional Programming，簡稱 FP，著重在將功能片段抽象化，以及移除流程控制的概念，以組合的方式執行邏輯。

```
1 // 6-11.js
2 let book = { name: 'ECMAScript 關鍵 30 天' };
3
4 // 有副作用的的函式
5 function setName1() {
6     book.name = '小王子';
7     return book;
8 }
9
10 const renanmedBook1 = setName1();
11 console.log(book === renanmedBook1); // true
```

以上方程式碼來看，*setName1* 函式直接修改了 *book* 物件的 *name* 屬性，所以不是純函式。

```
1 // 6-12.js
2 // 純函式
3 function setName2(book) {
4     // 以展開運算子 ( ... ) 複製物件
5     let newBook = { ...book, name: '小王子' };
6     return newBook;
7 }
8
9 const renanmedBook2 = setName2();
10 console.log(book === renanmedBook2); // false
```

setName2 函式在第 5 行做的事情是，把 *book* 物件複製到 *newBook* 變數中，再更新 *name* 屬性。因此執行結果是產生新的物件，並不會影響到 *book* 物件，這樣的表現就是純函式。

撰寫純函式後，可以觀察到的現象是會減少副作用的產生。

雖然不是多多益善，不過有以下的需求的話，就可以考慮寫成純函式－

- 需要測試或重構，不用花心力修改其他會導致副作用的地方。

- 需要頻繁執行，或運算量龐大又複雜的函式，可以使用快取方式，將執行結果儲存起來，來避免每次的重新運算過程。
- 擔心內部使用到的常數會被外部修改。

類型與用途

立即執行函式（Immediately Invoked Function，IIFE）

把匿名函式以括號包覆，後面再加個括號，就可以成為立即執行函式，簡稱立即函式。

定義完立即函式後不用再呼叫，就能馬上執行函式內的運算，有回傳值的話也會立即賦值給指定變數。

立即函式有個最明顯的優點，就是裡面的變數不會被提升，造成汙染全域的問題。另外，有程式碼只須執行一次來求值的話，也很適合使用。

```
1 // 6-13.js
2 var myArray = ['Yuri', 'Zoe'];
3 const getResult = (function () {
4     var myArray = [1, 2, 3, 4, 5, 6, 7];
5     return myArray.join('');
6 })();
7
8 console.log(getResult, myArray); // 1234567 ['Yuri', 'Zoe']
```

回呼函式（Callback Function）

回呼函式是利用一級函式的特性，把函式作為參數傳到另一個函式中，並且在適當時機時呼叫傳入的函式。

以下面程式碼為例。`setTimeout` 函式是運行環境中都有提供的內建函式，可以設定多少時間之後執行透過參數傳入的函式。這個透過參數傳入的函式就是回呼函式的一種。

執行到 `setTimeout` 函式時雖然會開始計時，不過運行環境不會只做等待的事情，因為後面的函式就會跟著被延遲，導致效能的低落，甚至影響到使用者的體驗。

因此，運行環境會先將 `setTimeout` 的回呼函式放進**工作佇列**（**Task Queue**），等到後面的函式執行完畢，並且經過了設定的時間後，就會把佇列裡的函式拿出來執行。以上的執行過程，就是一種**非同步**（**Asynchronous**）的實現。

回到程式碼，雖然我們想要先取得 *printFirst* 函式的執行結果，然後才是 *printSecond* 函式。可是 *printFirst* 函式裡有非同步的內容，導致 `setTimeout` 的回呼函式要等到 *printSecond* 函式執行完才被執行。

```
1 // 6-14.js
2 function printFirst() {
3     setTimeout(() => console.log('這行要先印出'), 1);
4 }
5
6 function printSecond() {
7     console.log('這行是第二行');
8 }
9
10 printFirst();
11 printSecond();
12
13 // 這行是第二行
14 // 這行要先印出
```

要解決這個問題，最直接的方式就是把 *printSecond* 函式當作 *printFirst* 函式的參數傳入，並成為回呼函式，執行的時機點是在 `console.log` 之後。

```
1 // 6-15.js
2 function printFirst(callback) {
3     setTimeout(() => {
4         console.log('這行要先印出');
5         callback();
6     }, 1);
7 }
8
9 printFirst(printSecond);
10
11 // 這行要先印出
12 // 這行是第二行
```

不過如果需要依序執行的函式太多，就很容易造成程式碼的巢狀結構太深，形成回呼地獄（Callback Hell）。不僅增加維護上的困難度，可讀性也會變得很差。因此，如果需要處理比較複雜的非同步函式，會推薦在 Day 26 與 Day 27 中介紹的語法－ `Promise` 與 `async / await`。

```
1 // 6-16.js
2 function loadData(url, callback) {
3     // 非同步的方式抓取遠端資料
4     callback(data);
5 }
6
7 loadData('myapp/data1', function (data1) {
8     loadData('myapp/data2', function (data2) {
9         loadData('myapp/data3', function (data3) {
10            loadData('myapp/data4', function (data4) {
11                // 哇嗚~ 結構太深啦!
12            });
13        });
14    });
15 });
```

高階函式（High-Ordered Function，HOF）

高階函式是利用閉包與柯里化的特性，將函式作為回傳的結果。通常應用在需要產出具有共同邏輯，但是又不太一樣的函式。

撰寫方式是將共同邏輯取出後寫成高階函式，透過回傳函式的特性，來產生新的函式。這麼做的好處是可以提升程式碼的維護性，減少重複的程式碼，並且讓程式碼看起來更精簡優雅。

```
 1 // 6-17.js
 2 let allTypes = [],
 3 
 4 function writeBook(type, baseProps) {
 5     // 共同的物件成員
 6     const commonProps = {
 7         publish: '博碩',
 8         getSerialNO: () => `NO.${Date.now()}`,
 9     };
10 
11     // 共同的操作
12     allTypes.push(type);
13 
14     // 回傳一個函式
15     return function (bookProps) {
16         // 使用展開運算子（...）合併所有屬性，回傳一個物件
17         return { ...commonProps, ...baseProps, ...bookProps };
18     };
19 }
```

```
1 // 6-18.js
2 // 透過 writeBook 建立各種相似的函式
3 const writeCodeBook = writeBook('程式', { language: 'JS' });
4 const writeDesignBook = writeBook('視覺', { tool: 'Zeplin' });
5
6 const myBook = writeCodeBook({ name: 'ECMAScript' });
7
8 console.log(allTypes, myBook);
9 // ['程式', '視覺']
10 // {publish: '博碩', language: 'JS', name: 'ECMAScript',
   getSerialNO: ƒ}
```

綁定函式（Binding Function）

bind（*thisValue*，*args1*，*...argsN*）

如果函式被呼叫時，很常使用固定的參數值，或者需要傳入自訂的 `this` 對象時，可以先使用 `bind` 函式傳入這些值來複製函式。之後就可以不用額外傳入參數或 `this` 對象，直接呼叫這個複製函式即可。相關重點統整如表 6-2 、6-3 所示。

表 6-2　bind 方法－參數說明

名稱	必要性	型別	預設值	說明
thisValue	是	Object	無	傳入的 this 對象
arg1，...，argsN	否	任意型別	無	傳入函式的參數值

表 6-3　bind 方法－基本特性

ECMAScript	ES5	方法類型	實體
修改對象的值	否	回傳型別	Function

```
1 // 6-19.js
2 const myObject = {
3     x: 10,
4     addX: function (value1, value2) {
5         return value1 + value2 + this.x;
6     },
7 };
8
9 // 透過 bind 建立新的函式
10 const addXFunction = myObject.addX.bind({ x: 3 }, 1, 2);
11
12 console.log(myObject.addX(1, 2)); // 13 ( this 指向 myObject )
13 console.log(addXFunction()); // 6 ( this 指向 { x: 3} )
```

建構函式（Constructor Function）

建構函式是一種可以建立物件的特殊函式。更多有關建構函式的說明，可以前往 Day 07 看更完整的解說。

產生器函式（Generator Function）

產生器函式是用來建立產生器的特殊函式。更多有關產生器的說明，可以前往 Day 29 看更完整的解說。

參數傳遞

arguments

`arguments` 是一個結構是類陣列的內建物件，集合了所有實際傳入的參數，有關類陣列的更多說明，可以前往 Day 15 看更完整的解說。

在函式中，可以透過這個物件存取特定位置的參數。由於是類陣列，也可以透過 `length` 屬性取得傳入參數的長度。

```
1 // 6-20.js
2 function printArgs() {
3     console.log(arguments, arguments.length);
4 }
5
6 printArgs(1, 2, 3, 4, 5, 6, 7, 8, 9);
7 // Arguments(9) [1, ..., 9, ...]: Object  9
```

參數的預設值

ES2015 後，函式允許為括號中的參數設定預設值。如果呼叫函式時沒傳入參數，函式就會以預設值來帶入執行。這樣實作中就可以省去檢查參數值的事前動作。

```
1 // 6-21.js
2 // ES5
3 function myFunction(p1, p2) {
4     if (!p1 || !p2) {
5         return;
6     }
7 }
8
9 // ES2015
10 function myFunction(p1 = 1, p2 = 2) {}
```

需要注意的是，就算參數有預設值，在呼叫函式時也沒有辦法以空位的方式跳過。為了減少參數設定的錯誤，避免把可選擇性傳入的參數放在中間。

```
1 // 6-22.js
2 // 預設參數放中間，並不是好的撰寫風格
3 function myFunction(p1, p2 = 2, p3) {
4     return [p1, p2, p3];
5 }
6
7 myFunction(1); // [1, 2, undefined];
8 myFunction(1, , 3); // SyntaxError: Unexpected token ','
9 myFunction(1, undefined , 3);  // [1, 2, 3]
```

```
1 // 6-23.js
2 // 預設參數放在最後比較理想
3 function myFunction(p1, p2, p3 = 3) {
4     return [p1, p2, p3];
5 }
6 myFunction(1, 2); // [1, 2, 3]
```

其餘參數（Rest Parameter）

ES2015 後，可以將不確定數量的參數集中成一個陣列，並指派給另一個變數。由於是陣列，所以可以直接使用陣列的內建方法來處理參數，用法上會比 `arguments` 來得更理想。

```
1 // 6-24.js
2 function addAllNumbers(a, b, ...numbers) {
3     return numbers.reduce(
4         (prevValue, nextValue) => prevValue + nextValue,
5         a + b
6     );
7 }
8
9 addAllNumbers(1, 2, 3, 4, 5, 6, 7, 8); // 36
```

呼叫函式

除了直接以函式名稱加上括號傳入參數的方式呼叫以外，也可以透過函式內建的實體方法來更改參數傳遞的方式，以及調整函式中的 `this` 對象。更多有關 `this` 的說明，可以前往 Day 08 看更完整的解說。

call（*thisValue*，*arg1*，...，*argsN*）

將 `this` 對象和參數值依序傳入。相關重點統整如表 6-4、6-5 所示。

表 6-4　call 方法－參數說明

名稱	必要性	型別	預設值	說明
thisValue	是	Object	無	傳入的 this 對象
arg1，...，argsN	否	任意型別	無	傳入函式的參數值

表 6-5　call 方法－基本特性

ECMAScript	ES5	方法類型	實體
修改對象的值	否	回傳型別	任意型別

```
1 // 6-25.js
2 const myObject = {
3     x: 10,
4     addX: function (value1, value2) {
5         return value1 + value2 + this.x;
6     },
7 };
8
9 const result1 = myObject.addX(1, 2);
10 // 13 ( this 指向 myObject )
11 const result2 = myObject.addX.call({ x: 3 }, 1, 2);
12 // 6 ( this 指向 { x: 3} )
```

apply（*thisValue*，*args*）

跟 `call` 方法的用途一樣，差別是後面的參數需要依序放入到陣列中。相關重點統整如表 6-6、6-7 所示。

表 6-6　apply 方法－參數說明

名稱	必要性	型別	預設值	說明
thisValue	是	Object	無	傳入的 this 對象
args	否	Array	無	傳入函式的參數值

表 6-7　apply 方法－基本特性

ECMAScript	ES5	方法類型	實體
修改對象的值	否	回傳型別	任意型別

延續上個範例程式－

```
1 // 6-26.js
2 const result3 = myObject.addX.apply({ x: 3 }, [1, 2]);
3 // 6 ( this 是 { x: 3} )
```

DAY

07 原型（Prototype）

進到今天的主題之前，先來應用前面幾天學到的內容，試著替一位叫做 Yuri 的人建立一個物件。這個物件有一些成員，像是姓名、年齡、學習技能等等。

```
1 // 7-1.js
2 const Yuri = {
3     name: 'Yuri', // 姓名
4     age: 20, // 實際年齡
5     legalAge: 18, // 法定年齡
6     skills: ['JavaScript'], // 技能樹
7     commuteWay: function () {
8         return this.age >= this.legalAge ? '開車' : '騎單車';
9     }, // 取得通勤方式
10    learnSkill: function (skill) {
11        this.skills.push(skill);
12    }, // 學習新的技能
13 };
```

如果對 `this` 陌生的話沒關係，目前只需要知成員就好。有關 `this` 的說明，可以前往 Day 08 看更完整的解說。

問題來了。現在不只有 Yuri 一個人，還有 Zoe、Bob、Joe 等等，他們之間有共同的地方，但是也有不一樣的地方。如果要為每個人都建立一個動輒十幾行程式碼的物件，似乎是件麻煩事呢！

什麼是原型

在 JavaScript 中建立物件，其實背後有個很重要的機制叫做原型。透過這個機制，就能解決上方提到的問題。那麼原型是如何運作的呢？

接下來的說明，搭配以下的示意圖會更加清楚。

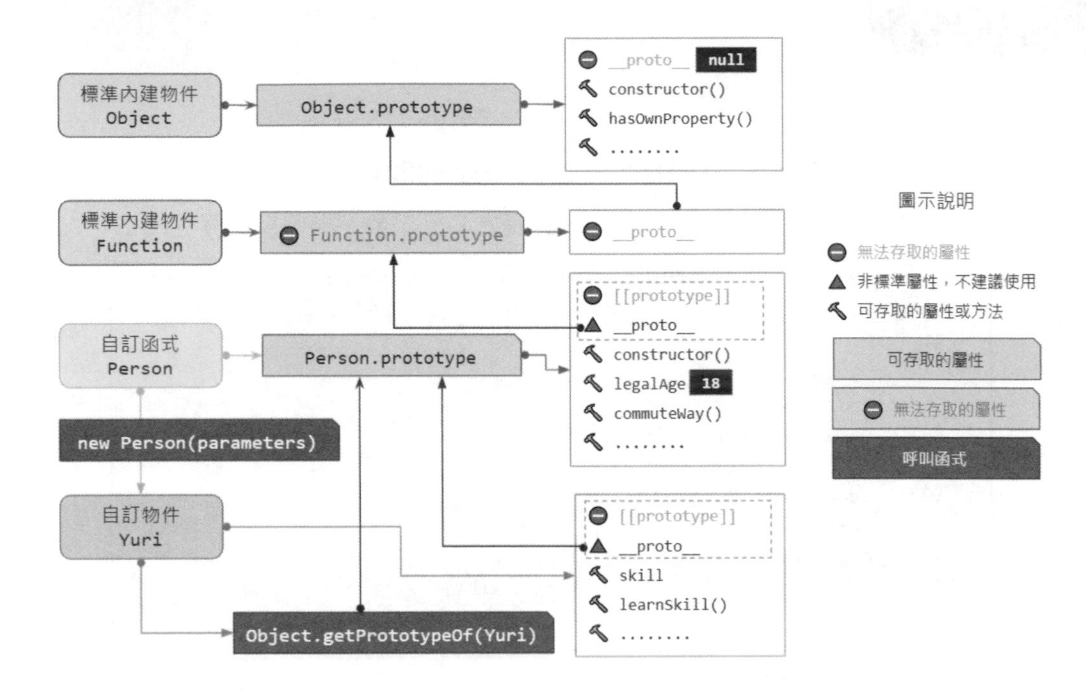

圖 7-1　原型示意圖

建構函式（constructor function）

首先我們建立了 *Person* 函式，並且執行 `new Person(parameters)`。透過 `new` 運算子，實際上會呼叫到 *Person* 函式的 `prototype` 屬性中的 `constructor()`，中文叫做建構函式。建構函式負責將參數傳入進行初始化的工作，並且完成最重要的原型鏈結，最後回傳建立完成的物件 *Yuri*。

```
1 // 7-2.js
2 const Yuri = new Person({ name: 'Yuri', age: 20 });
```

函式的 prototype 屬性

`prototype` 屬性是種物件的結構，除了剛剛提到的建構函式，更重要的是可以這裡擴充成員，像是 *legalAge* 屬性、*commuteWay* 方法等。用途就是讓透過 *Person* 函式建立的物件 *Yuri*，可以透過原型的鏈結去存取或執行。

```
1 // 7-3.js
2 Person.prototype.legalAge = 18;
3 Person.prototype.commuteWay = function () {
4     return this.age >= this.legalAge ? '開車' : '騎單車';
5 };
```

[[prototype]] vs __proto__

究竟原型的鏈結是怎麼形成的呢？關鍵在於 *Yuri* 物件中的 `[[prototype]]` 屬性。這個屬性會鏈結到 *Person* 函式的 `prototype` 屬性。也就是說，這兩個屬性都會指到同一份資料，其中就包含剛剛擴充的 *legalAge* 屬性和 *commuteWay* 方法。

因此，當執行以下程式碼時－

```
1 // 7-4.js
2 const myCommuteWay = Yuri.commuteWay(); // 開車
```

JavaScript 會先看 *Yuri* 物件有沒有 *commuteWay* 方法，如果沒有就往 `[[prototype]]` 查找，如果有的話就可以正常執行。

`__proto__` 屬性是個沒有被納入 ECMAScript 標準，但是主流瀏覽器中有實作的內建屬性。由於 `[[prototype]]` 屬性是個無法直接存取的屬性。所以提供

了 `__proto__` 可以存取到 `[[prototype]]` 屬性，也就是例子中 *Person* 函式的 `prototype` 屬性。

Object.getPrototypeOf（*target*）

由於 `__proto__` 屬性是個非標準的屬性，而且容易遭到修改，因此不建議使用這個屬性。比較理想的是用 `Object` 提供的 `getPrototypeOf` 函式來取代 `__proto__`。相關重點統整如表 7-1、7-2 所示

表 7-1　Object.getPrototypeOf 方法－參數說明

名稱	必要性	型別	預設值	說明
target	是	物件型別	無	目標對象

表 7-2　Object.getPrototypeOf 方法－基本特性

ECMAScript	ES5	方法類型	靜態
修改對象的值	否	回傳型別	Object

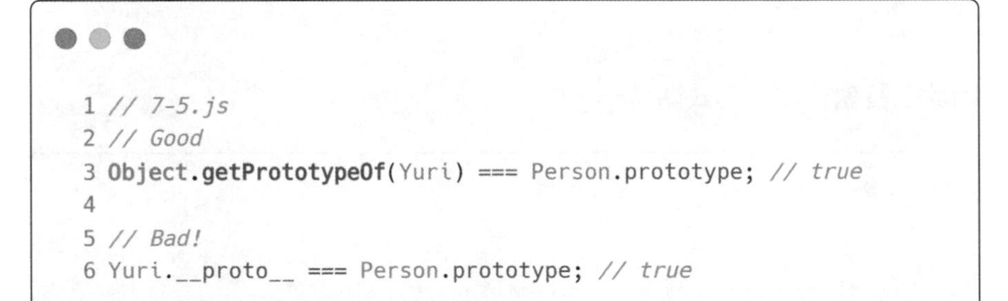

```
1 // 7-5.js
2 // Good
3 Object.getPrototypeOf(Yuri) === Person.prototype; // true
4
5 // Bad!
6 Yuri.__proto__ === Person.prototype; // true
```

原型鏈（Prototype Chain）

在 Day 05 中有提到有介紹到 `hasOwnProperty` 方法，只要是物件，都可以使用這個方法來檢查成員是否存在。從示意圖中可以看到，這個方法是定義在 `Object` 的 `prototype` 屬性中。那麼要物件要如何使用到這個方法呢？

```
1 // 7-6.js
2 const hasSkill = Yuri.hasOwnProperty('skill'); // true
```

呼叫方法或存取屬性時，會先看物件本身有沒有這個成員，如果沒有的話，就會開始往上一層的 `prototype` 屬性查找。還是沒有的話，就繼續往上查找，直到找到成員，並開始執行；或是直到上一層的 `prototype` 屬性是 `null`，確認找不到，回傳 `undefined` 為止。

這樣子由上下關係形成的 `prototype` 屬性，就是一條原型鏈。有了原型鏈後，不用再把全部的屬性或方法都塞在一個物件中，並且更能表達物件間的階層關係，以及更清楚的資料架構。

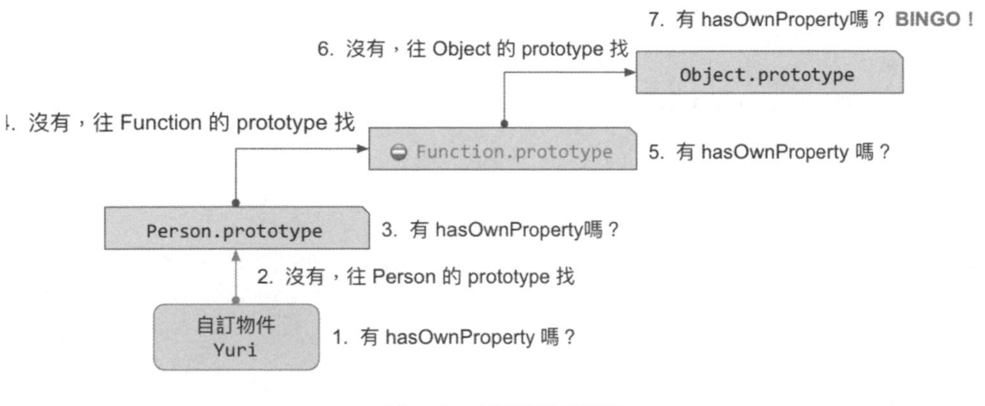

圖 7-2　原型鏈示意圖

改變原型

Object.create（*proto*）

新增物件的一種方式。傳入的參數會成為原型鏈中的上一層原型物件，實際上會產生一個沒有任何自身屬性的空物件。相關重點統整如表 7-3、7-4 所示。

表 7-3　Object.create 方法－參數說明

名稱	必要性	型別	預設值	說明
proto	否	Object	null	物件的原型

表 7-4　Object.create 方法－基本特性

ECMAScript	ES5	方法類型	靜態
修改對象的值	是（初始值）	回傳型別	Object

透過程式碼，來跟一般建立物件的方式比較看看吧！

```
 1 // 7-7.js
 2 const object1 = Object.create();
 3 // error: Object prototype may only be an Object or null
 4 const object2 = Object.create(null); // {} No properties
 5
 6 const proto = {
 7     name: 'ECMAScript 關鍵 30 天',
 8     sayHi: function () {},
 9 };
10 const object3 = Object.create(proto);
11 // {}
12 // [[ Prototype]]: Object
13 //     author: "ECMAScript 關鍵 30 天"
14 //     sayHi: ƒ ()
15 //     [[Prototype]]: Object
16
17 console.log(object3.name); // ECMAScript 關鍵 30 天
```

從幾個變數的印出結果，可以列出以下幾個重點－

需要傳入物件或 null

觀察 *object1* 變數，沒傳入任何值的話，會出現錯誤提示。

傳入 null 的話，會形成沒有原型的空物件

觀察 *object2* 變數，原本預設原型會鏈結到 `Object`，但是傳入 `null` 後就會被取代。

跟 `Object.create` 方法很像的是 `Object.setPrototypeOf` 方法。不過這個函式在各運行環境上的操作速度很慢，導致影響效能。因此要更改物件的原型的話，建議一律使用 `Object.create` 方法。

DAY

08 執行環境與 this

執行環境（Execution Context）

在 Day 03 中有提到作用域的概念，是指變數在程式碼中，可以被存取跟操作的範圍。今天要以更宏觀的角度來檢視程式碼的執行方式。

我們可以想像執行環境是一種資料結構，用來描述要執行某個函式，甚至是整個程式碼時，可以存取到其他資料時所需的設定。主要的內容可以分為以下三種－

- **變數物件（Variable Object）**：儲存執行程式碼時會用到的變數、參數和函式定義。
- **作用域鏈（Scope Chain）**：程式碼本身的作用域和變數物件的作用域串接，形成的資料存取和操作範圍。
- `this` **的對象**：指向當前呼叫或執行函式的對象。在後面會說明更多。

Day 02 中有簡單地提到一句，JavaScript 在執行前會進行解析。其實這句話就涵蓋了執行環境的生命週期，如表 8-1 所示

表 8-1　執行環境的生命週期

1. 創造階段 **（Creation Phase）**	• 分配記憶體空間給變數和函式 • 提升宣告（可參考 Day 03） • 建立執行環境所需的資料結構 • 放進呼叫堆疊，等待執行
2. 執行階段 **（Execution Phase）**	• 逐行執行程式 • 透過 this 和作用域鏈，存取所需的變數和函式 • 執行完畢或返回（return）時，移除執行環境

至於執行環境又有分以下兩種－

全域執行環境

最早被建立的執行環境。當建立了全域物件，以及底下的相關的變數和函式後，就會把 `this` 對象指向它。以瀏覽器來說，是 `window`；以 Node.js 來說，則是指 `global`。

執行階段的過程中，只要呼叫到任一函式，就會替這個函式建立專屬的執行環境，並放進呼叫堆疊中，等待執行階段的到來。

函式／局部執行環境

上方有提到為函式建立的執行環境，就是指函式／局部執行環境。其中的 `this` 對象不像全域執行環境那樣單純，它會根據當前呼叫函式的對象是誰來動態決定。接下來就來好好認識 JavaScript 中的 `this` 吧！

呼叫堆疊（Call Stack）

堆疊是存取順序是先進後出（First In Last Out，FILO）的資料結構之一。

想像你準備換房間睡，需要清空所有家當。每當紙箱塞滿後，就打包放在推車上，依序地往上堆積。全部弄好後，你推著推車到新房間，並且從最上面的紙箱拆封，直到全部的紙箱都整理完畢。這就是一種堆疊的實現。

JavaScript 中影響函式執行順序的特性有以下－

- 單執行緒（Single Thread）：同時間只有一個程式碼片段被執行。
- 以堆疊方式存取函式執行環境。
- 由上往下逐行執行程式碼。

我們可以透過簡單的程式碼來理解這個機制。

```
1 // 8-1.js
2 console.log('全域: 哈囉!');
3 function callYuri() {
4     callJoe();
5     console.log('函式: Hi! 我是Yuri');
6 }
7 function callJoe() {
8     console.log('函式: Hi! 我是Joe');
9 }
10 callYuri();
11 console.log('全域: 再見!');
```

實際印出的結果如以下。你也可以前往 JavaScript Tour（*https://pythontutor.com/javascript.html*）這套視覺化工具，將上方程式碼輸入後，觀察逐步執行的過程。

```
1 // 8-2.js
2 // 全域: 哈囉!
3 // 函式: Hi! 我是Joe
4 // 函式: Hi! 我是Yuri
5 // 全域: 再見!
```

this

物件導向的語言中，實體（也就是 JavaScript 中說的物件），是透過類別中的建構子產生。它們會由 `this` 關鍵字來指向自己，就像代名詞「我」的概念，當要存取或執行自己的成員時，就可以透過 `this` 來進行。

```
1 // 8-3.js
2 class Book { // 建立 Book 的類別
3     constructor(name) { //  建構子
4         this.name = name;
5     }
6     getName() {
7         return '書名:' + this.name;
8     }
9 }
10 const myBook = new Book('小王子');
11 console.log(myBook.getName()); // 書名:小王子
```

不過在 JavaScript 中，`this` 關鍵字會隨著執行環境、特殊的語法、函式呼叫的方式等會有變動。這種動態決定函式執行環境中 `this` 對象，我們通常叫做**「綁定」(binding)**。綁定 `this` 的規則，大多可歸納成以下幾種。

預設綁定（Default binding）

在全域宣告的函式，`this` 會預設指向全域物件。下方的程式碼中，在全域中建立了三種不同宣告方式的函式並且呼叫，會發現無論是哪一種，`this` 都會指向瀏覽器中的 `window`，或是 Node.js 中的 `global`。

```
1 // 8-4.js
2 function getThis1() {
3     console.log('[全域] 函式陳述式 · this 指向:', this);
4 }
5
6 const getThis2 = function () {
7     console.log('[全域] 函式表達式 · this 指向:', this);
8 };
9
10 const getThis3 = () => console.log('[全域] 箭頭函式 · this 指向:',
   this);
11
12 getThis1(); // [全域] 函式陳述式 · this 指向: Window
13 getThis2(); // [全域] 函式表達式 · this 指向: Window
14 getThis3(); // [全域] 箭頭函式 · this 指向: Window
```

隱式綁定（Implicit binding）

物件中如果有方法實作，那麼無論是行內（inline）方式，或是參考到全域函式，當呼叫方法時，`this` 會指向物件本身。

需要注意的是，箭頭函式有自己一套的綁定規則，並不符合隱式綁定。

```
1 // 8-5.js
2 function getThis2() {
3     console.log('[全域] 函式陳述式，this:', this);
4 }
5 const getThis3 = function () {
6     console.log('[全域] 函式表達式，this:', this);
7 };
8
9 const book = {
10     name: '小王子',
11     getThis1: function () {
12         console.log('[物件] inline函式，this:', this);
13     },
14     getThis2,
15     getThis3,
16 };
17
18 book.getThis1(); // [物件] inline函式，this: {name: '小王子' ...}
19 book.getThis2(); // [全域] 函式陳述式，this: {name: '小王子' ...}
20 book.getThis3(); // [全域] 函式表達式，this: {name: '小王子' ...}
```

顯式綁定（Explicit binding）

這個規則很簡單，就是使用相關的語法，來設定自訂的 `this` 對象。由於這個方式算是強制綁定，因此，`this` 會優先指向顯式綁定中傳入的對象。

以下統整相關的語法列表，如表 8-2 所示。

表 8-2 顯示綁定相關語法列表

章節	語法	頁數
Day 06 函式	bind（thisValue，arg1，...，argN）	1-85
	call（thisValue，arg1，...，argN）	1-89
	apply（thisValue，[arg1，...，argN]）	1-90
Day 15 陣列	every（executor，thisValue）	4-7
	some（executor，thisValue）	4-8
	find（executor，thisValue）	4-9
	findIndex（executor，thisValue）	4-9
	filter（executor，thisValue）	4-10
	map（executor，thisValue）	4-19
	forEach（executor，thisValue）	4-23
	flatMap（executor，thisValue）	4-27
	Array.from（target，mapFn，thisValue）	4-30
Day 16 Set	forEach（executor，thisValue）	4-41
Day 17 Map	forEach（executor，thisValue）	4-54

建構函式綁定

在 Day 07 有提到建構函式，是一種可以透過函式加上 `new` 運算子來建立物件的方式。當產生物件時，函式裡的 `this` 就會指向這個剛被建構出來的物件。

```
1 // 8-6.js
2 function BookCreator(name) {
3     this.name = name;
4 }
5
6 const myBook = new BookCreator('小王子');
7 console.log(myBook.name); // 小王子
```

箭頭函式綁定

相較於前面幾項規則，都是在函式被呼叫時，決定 this 指向的對象，箭頭函式則是在宣告時，就已經定義好 this 該指向誰，並不會因為呼叫的對象而有所改變。

```
1 // 8-7.js
2 const myFunction = () => {
3     console.log('myFunction:', this);
4 };
5
6 const myObject = {
7     name: 'my object',
8     method1: () => console.log('method1:', this),
9     method2: function () {
10        const f = () => console.log('method2:', this);
11        f();
12    },
13 };
14
15 myFunction(); // myFunction: Window
16 myObject.method1(); // method1: Window
17 myObject.method2();
18 // { name: 'my object', method1: ƒ, method2: ƒ }
```

箭頭函式的 this 對象，主要是看上一層的作用域指向的 this 對象決定。以上方程式碼來練習看看－

- *myFunction* 函式是全域函式，因此 this 對象固定指向全域。
- *myObject* 的 *method1* 函式，上一層是全域物件 *myObject*，它的 this 對象是全域，因此 *method1* 函式的 this 對象也是全域。
- *myObject* 的 *method2* 函式，上一層是 *method2* 的匿名函式，它的 this 對象是 *myObject*，因此 *method2* 函式的 this 對象就會是 *myObject*。

因此，以下有幾種使用情境，如果需要使用 this 關鍵字的話，必須要思考適不適合，否則使用箭頭函式反而會成為反模式[11]。

---

11 反模式（Anti-patterns）指的是乍看是有益，實際上是有風險，可能得不償失的實踐方式。

物件中的方法

在全域執行環境的創造階段時，會進行物件變數的宣告。這時的 `this` 對象是指向全域物件。因此箭頭函式的部分就會明確指向全域物件。

```
1 // 8-8.js
2 const getThis1 = () => console.log('[全域] 箭頭函式，this:',
  this);
3
4 const book = {
5     name: 'ECMScript 關鍵 30 天',
6     getThis1,
7     getThis2: () => {
8         console.log('[物件] inline箭頭函式，this:', this);
9     },
10 };
11
12 book.getThis1(); // [全域] 箭頭函式，this: Window
13 book.getThis2(); // [物件] inline箭頭函式，this: Window
```

prototype 屬性中的方法

跟上方情境類似，在全域執行環境的創造階段，進行函式的提升和宣告時，箭頭函式的部分，就會把 `this` 對象指向當時的全域物件。

```
1 // 8-9.js
2 BookCreator.prototype.getName = () => {
3     console.log('原型函式，this:', this);
4     return `書名:${this.name}`;
5 };
6
7 const myBook = new BookCreator('小王子');
8 console.log(myBook.getName());
9 // 原型函式，this: Window
10 // 書名:
```

Web API

瀏覽器提供的 API，像是 `addEventListener`（事件監聽器）、`setTimeout`（計時器）、`setInterval`（定時器）等，這些函式會在全部的執行環境移除，並且在事件觸發時（例如點擊 DOM、時間倒數結束等）才會被執行。

以下方程式碼為例，我們可以前往 Google 首頁（*https://www.google.com/*）打開開發者工具，在 console 面板中輸入以下程式碼來觀察執行結果。

可以發現觸發 *input* 變數的 `focus` 事件時，因為箭頭函式會保持在定義時所指的 `this` 對象，所以 *handleFocus1* 函式的 `this` 還是會指到 `window`；可是 *handleFocus2* 函式的話，會改成當前呼叫它的對象，也就是 *input* 變數。

所以要在監聽函式中使用 `this` 參考到 DOM 元素的話，使用一般函式會比較適當。

```
1 // 8-10.js
2 const input = document.querySelector('input'); // 選取input元素
3
4 const handleFocus1 = () => {
5     console.log('監聽函式1 this:', this);
6 };
7 const handleFocus2 = function () {
8     console.log('監聽函式2 this:', this);
9 };
10
11 input.addEventListener('focus', handleFocus1);
12 // 監聽函式1 this: Window
13 input.addEventListener('focus', handleFocus2);
14 // 監聽函式2 this: <input class="gLFyf...
```

不過以下的例子就比較適合使用箭頭函式了。

```
1 // 8-11.js
2 const mySecret = {
3     age: 20,
4     sayAge1: function () {
5         console.log('[sayAge1] this:', this);
6         setTimeout(function () {
7             console.log('[sayAge1][setTimeout] this:', this);
8             this.age && console.log(this.age);
9         }, 1);
10    },
11    sayAge2: function () {
12        console.log('[sayAge1] this:', this);
13        setTimeout(() => {
14            console.log('[sayAge2][setTimeout] this:', this);
15            this.age && console.log(this.age);
16        }, 1);
17    },
18 };
```

第 5 行跟第 12 行的印出結果應該是很熟悉了，根據隱式綁定的規則，`this` 會指向物件本身。不過 `setTimeout` 裡的函式就不一樣了。

`setTimeout` 在執行時，執行環境已經是在全域了，所以 *sayMyAge1* 函式的部分，就會動態地把 `this` 指向全域物件。而 *sayMyAge2* 函式的部分，`setTimeout` 裡的匿名函式在宣告時，就把 `this` 指向 *mySecret* 物件了，所以就算執行的時候，`this` 對象也不會變動。

```
1 // 8-12.js
2 mySecret.sayAge1();
3 mySecret.sayAge2();
4
5 // [sayAge1] this: {age: 20, sayAge1: f, sayAge2: f}
6 // [sayAge2] this: {age: 20, sayAge1: f, sayAge2: f};
7 // [sayAge1][setTimeout] this: Window
8 // [sayAge2][setTimeout] this: {age: 20,sayAge1: f,sayAge2: f};
9 // 20
```

ES2015+ 重要特性

globalThis

取得當前全域執行環境的 `this` 對象。相關重點統整如表 8-3、8-4 所示

表 8-3 globalThis －基本特性

ECMAScript	ES2020	屬性層級	全域
唯讀屬性	否	屬性型態	Object

表 8-4 globalThis －運作環境支援度

Chrome	Edge	Firefox	Safari	Node.js
v71 以上	v79 以上	v65 以上	v12.1 以上	v12.0.0 以上

不同的全域執行環境，都有對應的 `this` 對象。

- `window`：瀏覽器特定
- `self`：Web Worker 和瀏覽器特定，Node.js 無法使用
- `global`：Node.js 特定

如果需要開發一個程式是需要運行在多種執行環境，並且要判斷全域 `this` 是誰的話，通常會寫以下的 polyfill 函式－

```
1 // 8-13.js
2 const globalThis = (() => {
3     if (typeof self !== 'undefined') return self;
4     if (typeof window !== 'undefined') return window;
5     if (typeof global !== 'undefined') return global;
6     throw new Error('No Global This!');
7 })();
```

不過在 ES2020 後，只要使用 `globalThis` 屬性，就不用再做以上的額外判斷。

```
1 // 8-14.js
2 // 在 web worker
3 globalThis === self; // true
4 globalThis === window; // true
5 // 在 Node.js
6 globalThis === global; // true
7 // 在瀏覽器
8 globalThis === window; // true
```

DAY

09 模組（Module）

簡介

我們已經會建立變數、產生物件以及撰寫函式了。至於怎麼把寫好的程式碼放入頁面執行，在 Day 02 中也說明了許多可以載入 JavaScript 的方式。

不過，先試想以下的情境－

- 你開發一項非常複雜的功能，程式碼有數千行以上。當要進行維護時，光是要找出要修改的地方就花不少心力。
- 你負責公司一系列的產品專案，並且都含有共同的業務邏輯。當要修改業務邏輯時，每項專案都要改過一輪。
- 你與數十位同事共同開發一項大型的 Web 應用專案。分工上也很明確，你負責的是開發對話框元件[12]，並且需要提供給其他同事使用。

在真實世界中的開發日常，以上這幾種情況都是有可能會發生的。在進入今天的主題前可以先腦力激盪一下，如果要解決這些難題，需要怎麼做呢？

從第一種情境，可以想到的是把複雜的功能「拆分」，獨立出相對單純的函式；在第二種情境，是把相同的實作抽離為一份程式，讓專案以「匯入」的方式使用；最後一種情境，重點是如何讓元件可以「匯出」到其他的程式中。

以上提到的作法，其實就是**模組化（Modular）**的實現；那些獨立出來的函式、相同的業務邏輯、元件就叫做**模組（Module）**。

12 在程式設計中的元件（Component），指的是將功能的實作細節封裝在內部，並且提供一個相對簡單的介面（Interface）給外部使用。

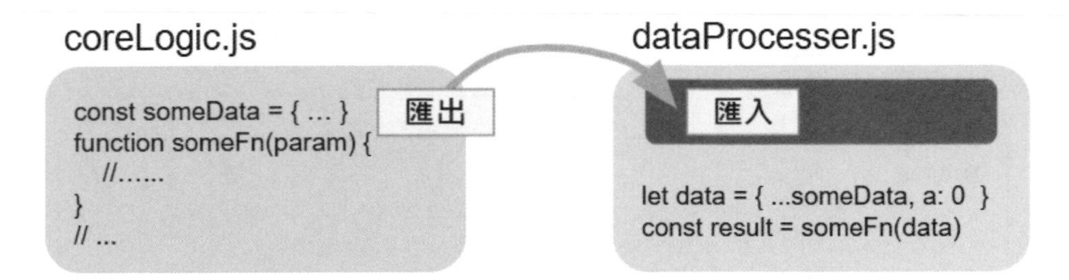

圖 9-1　模組基本概念示意圖

ES5 常用規範

ES2015 以前，JavaScript 並沒有一致的模組化規範，也沒有內建支援的相關語法。因此在社群中，發展了幾個知名的模組化定義和函式庫。每個規範有自己獨特的語法、程式架構和使用環境。

AMD（Asynchronous Module Definition）

AMD 是 JavaScript 模組載入器－ RequireJS（*https://requirejs.org/*）定義的規範。

由於 RequireJS 需要以 `<script></script>` 的標記載入，因此執行環境只能在瀏覽器中。透過 `data-main` 的屬性，可以告訴 RequireJS 在載入完成後，再接著載入指定的 js 檔。

```
1 <!-- 9-1.html -->
2 <head>
3     <title>AMD 範例程式</title>
4     <script data-main="scripts/main" src="lib/require.js">
  </script>
5 </head>
```

透過 RequireJS 的內建函式－ `define（function）` 傳入要模組化的函式，定義成可以匯出的模組。

```
1 // 9-2.js
2 define(function () {
3     return function (msg) {
4         console.log('AMD 範例程式: ', msg);
5     };
6 });
```

使用 RequireJS 的內建函式－ `requirejs（[ ... ]，function）`，在第一個參數傳入剛剛建立的檔案路徑，模組載入完畢後，就會執行第二個參數的函式，並且以檔名作為模組的名稱，提供給這個函式呼叫。

```
1 // 9-3.js
2 requirejs(['9-2'], function (printMsg) {
3     printMsg('Hello World!'); // AMD 範例程式: Hello World!
4 });
```

CommonJS（CJS）

CommonJS 是 Node.js 在模組載入的解決方案，也就是在後端的執行環境常用的模組規範。

使用關鍵字 `module.exports`，就可以把變數或函式轉為可匯出的模組。寫法有兩種，可以使用物件包覆所有要匯出的對象；或是個別匯出對象。

```
1 // 9-4.js
2 // 方式一
3 module.exports = {
4     bookData: {
5         name: 'ECMAScript 關鍵 30 天',
6     },
7     printMsg: function (msg) {
8         console.log('CJS 範例程式:', msg);
9     },
10 };
11
12 // 方式二
13 module.exports.bookData = {
14     name: 'ECMAScript 關鍵 30 天',
15 };
16 module.exports.printMsg = function (msg) {
17     console.log('CJS 範例程式:', msg);
18 };
```

使用關鍵字 `require`，傳入模組所在的檔案路徑，並且指派給變數，這個變數會成為模組的命名空間[13]，就可以使用模組匯出的變數或函式等對象。

```
1 //  9-5.js
2 var util = require('./util');
3
4 console.log(util.bookData); // { name: 'ECMAScript 關鍵 30 天' }
5 util.printMsg('Hello!'); // CJS 範例程式: Hello!
```

13 命名空間（Namespace）是指透過唯一的名稱來封裝變數、函式等對象。如果有其他的命名空間中有相同名稱的變數或函式，也會因為命名空間的不同，不會造成使用上的衝突。

UMD（Universal Module Definition）

前面兩種規範，只能使用在特定的運作環境。如果希望一套程式可以同時在瀏覽器和 Node.js 中都能執行的話，那麼許多人的選擇會是 UMD。UMD 透過各模組規範的支援度進行條件判斷，決定模組的實現方式。

```
1 // 9-6.js
2 (function (root, factory) {
3     if (typeof define === 'function') {
4         // AMD
5         define(['myModule'], factory);
6     } else if (typeof exports === 'object') {
7         // CommonJS
8         module.exports = factory(require('myModule'));
9     } else {
10        // 都不支援的話，設在全域的 returnExports 中
11        root.returnExports = factory(root.myModule);
12    }
13 })(this, function (myModule) {
14     var data = {};
15     function doSomething() {}
16
17     return {
18         data: data,
19         doSomething: doSomething,
20     };
21 });
```

ES Module（ESM）

ES2015 後終於推出了官方版本的模組規範－ES Module，簡稱 ESM。目前在各瀏覽器與 Node.js 的較新版本都有內建相關語法，所以往後的模組化開發，再也不需要使用額外的函示庫才能支援。相關重點統整如表 9-1 所示。

表 9-1 ESM －運作環境支援度

Chrome	Edge	Firefox	Safari	Node.js
v61 以上	v16 以上	v60 以上	v10.1 以上	v13.2.0 以上

使用 ESM 有以下重點－

- 一個檔案會被視為一個模組。
- 模組的匯入命令，通常放置在程式碼中的上層；而匯出命令會是在程式碼中的下層。

接著針對模組的匯出跟匯入，來說明各式各樣的寫法。

匯出－ `export`

```
export （default） 要匯出的對象 ;
```

圖 9-2 export 語法結構

匯出命令的語幹，主要是由 `export` 跟 `default` 這兩個關鍵字組成。`export` 後面接匯出的對象，而 `default` 是個選擇性的關鍵字，可以把對象設定為預設的匯出。

以下提供幾種匯出模組的方式，可以根據自己的開發習慣，或是模組的使用情境來選擇適合的寫法。

個別設定要匯出的對象

在對象前面直接加上 `export`，就能讓該對象可以被外部使用。

```
1 // 9-7.js
2 export const magicNumber = 1000;
3 
4 export function printMsg(msg) {
5     console.log('ESM 範例程式: ', msg);
6 }
7 
8 export class myClass {}
```

以物件包覆要匯出對象的名稱

程式碼的最後，使用 `export` 再加物件字面值來包覆要匯出的對象。適合用在只需要匯出其中幾個對象，或是在 ESM 釋出以前就開發好的程式碼，打算透過較小幅度的變動來實現模組化。

```
1 // 9-8.js
2 const magicNumber = 1000;
3 
4 function printMsg(msg) {
5     console.log('ESM 範例程式:', msg);
6 }
7 
8 class myClass {}
9 
10 export { magicNumber, printMsg, myClass };
```

以 `as` 關鍵字為對象重新命名

如果想讓外部使用的名稱，跟模組內部來產生區隔的話，可以在匯出的時候，使用 `as` 關鍵字替對象重新命名。

```
1 // 9-9.js
2 export { magicNumber as myNumber, printMsg as myPrint };
```

設定預設匯出的對象

如果模組本身有個主程式，而且外部使用時幾乎都會用到，那麼就可以使用 `default` 關鍵字，為這個主程式設定為預設匯出。

```
1 // 9-10.js
2 export default myClass;
3 export { magicNumber, printMsg };
```

匯入－ `import`

```
import 模組名稱 from 檔案路徑 ;
```

圖 9-3 import 語法結構

匯入命令的語幹，主要是由 `import` 跟 `from` 這兩個關鍵字組成。`import` 後面接模組名稱，而 `from` 後面接檔案路徑的字串，通常會是相對路徑的寫法。

其中，模組名稱會因為使用情境不同而有多種寫法。

以物件包覆要匯入對象的名稱

要使用模組中的其中幾個對象的話（通常不會太多），會以這種方式撰寫。

```
1 // 9-11.js
2 import { printMsg, magicNumber } from './myMudle';
3
4 console.log('magicNumber:', magicNumber);
5 printMsg('Hi!'); // ESM 範例程式: Hi!
```

以 as 關鍵字為對象重新命名

如果程式碼中，或是其他匯入的模組中，有跟匯入的對象重複名稱，可以使用 as 關鍵字接上新的名稱來代表匯入的對象。

```
1 // 9-12.js
2 import {
3     printMsg as myPrintMsg,
4     magicNumber as myMagicNumber,
5 } from './myMudle';
6
7 const magicNumber = 2000;
8
9 console.log('myMagicNumber / magicNumber:', myMagicNumber, '/',
  magicNumber);
10 // myMagicNumber / magicNumber: 2000 / 1000
11 myPrintMsg('Hi!'); // ESM 範例程式: Hi!
```

以 * as 關鍵字為模組設定命名空間

需要使用到模組中的多個對象，用上面方法列舉的話，會造成程式碼的冗長，那麼這個方式會比較理想。需要注意在存取或是呼叫對象時，名稱前面必須加上命名空間的名稱。

```
1 // 9-13.js
2 import * as MyModule from './myMudle';
3
4 console.log('magicNumber:', MyModule.magicNumber);
5 MyModule.printMsg('Hi!'); // ESM 範例程式: Hi!
6
7 // ... 還需要用到 myMudle 裡的其他對象 ...
```

匯入模組中預設匯出的對象

如果匯入的模組中有預設匯出的對象，可以直接在 `import` 後面加上對象名稱就好。有需要匯入其他對象的話，使用逗號（`,`）隔開，再用物件包覆其他對象的名稱就好。

```
1 // 9-14.js
2 import myClass, { magicNumber } from './myMudle';
3
4 console.log('magicNumber:', magicNumber);
5 const myObject = myClass();
```

ES2015+ 重要特性

動態載入（Dynamic Import）

在模組化開發下，我們會 `import` 的方式匯入需要的模組。但是因 `import` 是屬於靜態函式，如果有些模組是在特定條件下才會用到的話，程式裡面還是會包含到這些模組，某些情況下可能只是徒增執行檔的大小。

有些前端框架或模組打包工具有針對這部分提供了解決方案。像是 React 內建的 lazy 和 suspense，或是第三方套件 React Loadable，讓開發者先享受到動態載入的便利性。

ES2020 後，`import` 終於也可以動態載入。透過 `Promise` 的包裝，讓在特定條件下執行載入的模組已非同步的方式取得。相關重點統整如表 9-2 所示。

表 9-2 動態載入－運作環境支援度

Chrome	Edge	Firefox	Safari	Node.js
v63 以上	v79 以上	v67 以上	v11.1 以上	v13.2.0 以上

```
1 // 9-15.js
2 myButton.onclick = () => {
3     import('./moduleA.js')
4         .then((aModule) => { // promise chaining 的方式
5             // Do something ...
6         })
7         .catch((err) => {
8             // 載入模組錯誤
9         });
10
11     // 使用 await 的方式
12     let bModule = await import('./moduleB.js');
13     // Do something ...
14 };
```

也可以動態載入 `JSON` 格式的檔案，使用 `default` 就可以取得內容。

```
1 // 9-16.js
2 const loadUserProfile = () => import('./user/profile.json');
3
4 loadUserProfile().then((data) => {
5     // 使用 default 取得 JSON 格式的物件
6     if (data && data.default) {
7         // Do something ...
8     }
9 });
```

命名空間的匯出（Namespace Exports）

需要匯入模組中的所有對象時，為了語意性和方便性，會為這些對象放在一個命名空間下。相對地 `export` 並沒有支援命名空間。所以如果想以命名空間匯出時就要寫兩行，先匯入命名空間，然後再匯出。

ES2020 後，`export` 也能像 `import` 一樣以命名空間匯出了。相關重點統整如表 9-3 所示

表 9-3　匯出命名空間－運作環境支援度

Chrome	Edge	Firefox	Safari	Node.js
v72 以上	v79 以上	v80 以上	尚未支援	v12.0.0 以上

```
1 // 9-17.js
2 // ES2015
3 import * as Util from '../utils';
4 export { Utils };
5
6 // ES2020
7 export * as Utils from '../utils';
```

import.meta

針對匯入的模組檔案回傳相關詮釋資料的物件，像是模組的路徑。相關重點統整如表 9-4、9-5 所示

表 9-4　import.meta －基本特性

ECMAScript	ES2020	回傳型別	Object

表 9-5　import.meta－運作環境支援度

Chrome	Edge	Firefox	Safari	Node.js
v64 以上	v79 以上	v62 以上	v11.1 以上	v10.4.0 以上

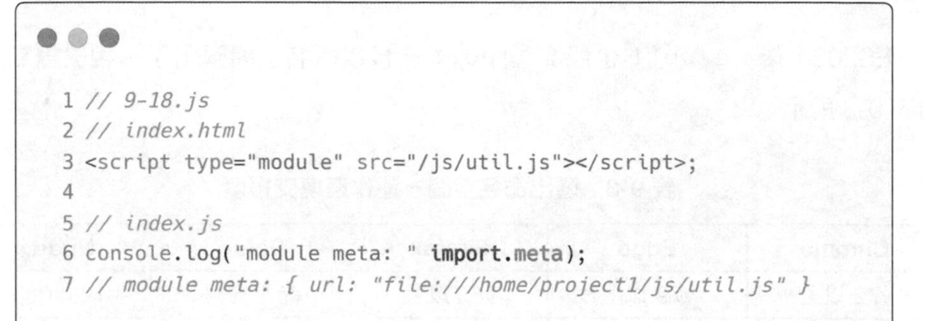

```
1 // 9-18.js
2 // index.html
3 <script type="module" src="/js/util.js"></script>;
4
5 // index.js
6 console.log("module meta: " import.meta);
7 // module meta: { url: "file:///home/project1/js/util.js" }
```

PART

2 文字處理

文字是最普及的資料型態之一。想像你在開發會員制的平台，需要存取使用者資訊，像是帳號名稱、密碼、email 等等。並且拿來做特定格式的呈現、資料防呆與驗證等。本篇將會介紹 JavaScript 中兩種負責處理文字的角色－「字串」與「正規表達式」的重點。

防呆（Foolproof）與驗證（Validation）

有些資料的格式會因規格所需而有限制。例如手機號碼只能為 11 碼的數字、email 中要含有 @、身分證字號必須是開頭為大寫英文字母加上 9 碼的數字等等。

為了避免資料發生不符格式的情況，在前端，使用者輸入或送出內容時，會對資料進行檢查、校正、錯誤提示等行為來「防呆」；而資料送到後端，還會進行格式上的「驗證」。

DAY

10 字串(string ／ String)

簡介

`string` 是基本型別，同時也具有對應的標準內建物件－ `String` 物件來擴充屬性與方法。以中文來説通稱為字串，用來表示任何一段以文字或字元組成的資料。

實務開發中，對字串型態的資料通常有以下的處理情境－

- 檢查是否符合條件。例如：檢查是否含有某段文字。
- 取得字串的資訊。例如：總長度、某段區間的文字或索引等。
- 變動字串的內容。例如：新增、修改、移除文字等。
- 組合多個字串。例如：組合所需的 HTML 渲染在瀏覽器上。

因此，今天要來熟悉如何建立字串、了解基本特性、常用的屬性和方法。

建立方式

在進行字串的變數指派時。文字須使用以下其中一種的特殊符號包覆－

- 單引號（`' '`）或雙引號（`" "`）。
- 反引號（`` ` ` ``）－使用於樣板字面值，在後面會詳述。

單引號（`' '`）和雙引號是最常使用的特殊符號。在程式碼風格（coding style）中，並沒有特定偏好，只需規範出一致的用法即可。不過要注意的是，使用單／雙引號包覆的文字中，不能直接再出現相同的引號。

```
1 // 10-1.js
2 const invalidString1 = "文字中有出現"雙引號"，會出現毛毛蟲"
3 // 或
4 const invalidString2 = 'There's a single quote. It's WRONG!'
```

如果需要在字串裡使用相同引號的話，可以在該引號前加上跳脫字元[1]。

```
1 // 10-2.js
2 const validString1 = "文字中有出現\"雙引號\"的前面加上跳脫字元就OK";
3 // 或
4 const validString2 = "There's a single quote. Use double quote
  outside";
```

字串是具有標準內建物件的基本型別，建立變數的方式有三種。

字串字面值（string literals）

實務中最常使用的建立方式。

```
1 // 10-3.js
2 let stringValue = '我是字串字面值';
3 console.log('stringValue:', stringValue);
4 // stringValue: 我是字串字面值
```

1 跳脫字元（Escaping characters）以反斜線 \ 表示，目的是讓特殊符號可以被視為一般字串處理。有關特殊符號的一覽表可參考 *https://w3schools.sinsixx.com/js/js_special_characters.asp.htm*。

new String（*text*）

執行標準內建物件 `String` 中的建構函式。可以傳入預設的文字內容。相關重點統整如表 10-1、10-2 所示。

表 10-1　new String 方法－參數說明

名稱	必要性	型別	預設值	說明
text	否	string	null	預設的文字

表 10-2　new String 方法－基本特性

ECMAScript	ES5	方法類型	建構函式
修改對象的值	是（初始值）	回傳型別	String

```
1 // 10-4.js
2 let stringObject = new String('我是字串內建物件');
3 console.log('stringObject:', stringObject);
4 // stringObject: String {"我是字串內建物件"}
```

模板字面值（Template Literals）

在前面有提到文字內容的包覆方式，其中一種是使用反引號（` `` `），正是樣板字面值的起手式。相關重點統整如表 10-3 所示

表 10-3　樣板字面值－基本特性

ECMAScript	ES2015	使用符號	反引號（``）

這種組合字串的新特性比起 ES5 以前的方法，有以下的好處－

- 文字內容如果需要換行，不需在兩段文字中加入 `\n`，直接換行就可以成為多行字串，提升可讀性與簡潔性。

```
1 // 10-5.js
2 // ES2015
3 const es6Content = `
4 ECMAScript 關鍵 30 天
5 ES5到ESNext 精準進擊JS語法與核心
6 `;
7
8 // ES5
9 var es5Content =
10     'ECMAScript 關鍵 30 天' + '\n' + 'ES5到ESNext 精準進擊JS語法與
   核心';
```

■ 執行函式或運算式的結果、變數等，可以 `${ }` 將其包覆，就能與其他文字結合，不需再使用加號運算子組合。

```
1 // 10-6.js
2 const x = 1, y = 2;
3
4 // ES2015
5 const es6Result = `x 加 y 等於：${x + y}。`;
6
7 // ES5
8 const es5Result = 'x 加 y 等於：' + (x + y) + '。';
9
10 // x 加 y 等於： 3
```

程式碼風格（coding style）

開發人員在撰寫程式碼時，通常會有固定的格式與排版規則。無論是一人或是團隊開發，保持良好且一致的程式碼風格，有助於提升可讀性和維護性。常見的規範有變數的命名、字串使用的引號、縮排幅度、程式區塊的排版、註解等。

重要屬性

length

在字串中，常使用的屬性為 `length`，用來取得總字元的個數。相關重點統整如表 10-4 所示。

表 10-4　length 屬性－基本特性

ECMAScript	ES5	屬性層級	實體
唯讀屬性	是	屬性型態	number

實務中常見的數字、英文、中文、空格、一般的符號等，一個單位就是一個字元。但要注意的是，像是由 Unicode 組成的繪文字（emoji），通常一個符號會是由兩個字元組成。另外跳脫字元（ `\` ）不會被當成一般字串處理。

```
1 // 10-7.js
2 console.log("How are you ?".length);  // 13
3 console.log("你好嗎?".length);  // 4
4 console.log("🎉".length);  // 2
5 console.log("\".length);
6 // error: Invalid or unexpected token
```

檢查符合條件

includes（*target*，*position*）

檢查該字串中是否含有某段完全符合的文字內容。相關重點統整如表 10-5、10-6 所示

表 10-5 includes 方法－參數說明

名稱	必要性	型別	預設值	說明
target	是	string	無	用來檢查的文字內容
position	否	number	0	指定開始搜尋的索引值

表 10-6 includes 方法－基本特性

ECMAScript	ES2015	方法類型	實體
修改對象的值	否	回傳型別	boolean

在 ES5 以前，實務中常用的語法是以 `indexOf` 先取得文字內容 `targetString` 的索引，接著進行條件判斷。但是在 ES2015 以後，只需使用 `includes` 就能取代以往還要額外判斷索引的動作，寫法上更加優雅。

除此之外，`includes` 還有新增 `position` 參數，可以指定要從字串中的哪個位置開始搜尋，也擴充了需要特殊處理的情境。

```
1 // 10-8.js
2 const sentence = 'ES5到ESNext 精準進擊JS語法與核心';
3
4 const hasWords = sentence.includes('進擊'); // true
5 const hasWordsFrom = sentence.includes('進擊', 16); // false
```

startsWith（*target*，*position*）/ endsWith（*target*，*length*）

檢查該字串的開頭／結尾是否為特定的文字內容。相關重點統整如表 10-7、10-8 所示。

表 10-7 startsWith ／ endsWith 方法－參數說明

名稱	必要性	型別	預設值	說明
target	是	string	無	用來檢查的文字內容
position	否	number	0	指定開始搜尋的索引值
length	否	number	字串長度	該字串的搜尋範圍

表 10-8 startsWith ／ endsWith 方法－基本特性

ECMAScript	ES2015	方法類型	實體
修改對象的值	否	回傳型別	boolean

`startsWith` 與 `endsWith` 是功能相同，但分別對應到字串的頭尾來使用的內建方法，後面還會看到幾組類似的方法，讓開發者可以局部地進行字串處理。

關於參數與語法的使用方式，直接以範例程式碼來說明。

```
1 // 10-9.js
2 const ID = 'A123456520';
3 const ADDRESS = '235新北市中和區中山路三段122號';
4
5 const isTaipeiMale = ID.startsWith('A1'); // true
6 const isEndWith520 = ID.endsWith('520'); // true
7
8 // 傳入索引參數，從"新"開始檢查
9 const isTaipei = ADDRESS.startsWith('台北市', 2); // false
10 // 傳入字串長度，檢查的字串變為"235新北市中和區"
11 const isXinyi = ADDRESS.endsWith('信義區', 9); // false
```

參數中需要注意的為第二個選擇性傳入的數字，兩種方法有明顯的不同：`startsWith` 中是指索引，表示從特定位置開始檢查；`endsWith` 中則是指字串長度，表示檢查到特定位置為止。

取得索引或內文

indexOf（*searchValue*，*fromIndex*）

取得文字 *searchValue* 在字串中第一個符合的索引。相關重點統整如表 10-9、10-10 所示

表 10-9 indexOf 方法－參數說明

名稱	必要性	型別	預設值	說明
searchValue	是	string	無	用來檢查的文字內容
fromIndex	否	number	0	開始搜尋的索引值

表 10-10 indexOf 方法－基本特性

ECMAScript	ES5	方法類型	實體
修改對象的值	否	回傳型別	number

第二個參數 *fromIndex* 為選擇性，可指定從哪個索引開始找尋，不過回傳的索引值還是會以字串的一開頭算起的位置。沒有找到的話，將回傳 -1。

```
1 // 10-10.js
2 const hiString = 'Hi! 嗨! こんにちは！';
3 const index1 = hiString.indexOf('嗨!'); // 4
4 const index2 = hiString.indexOf('嗨!', 4); // 4
5 const index3 = hiString.indexOf('嗨!', 5); // -1
6 const index4 = hiString.indexOf('Hello!'); // -1
```

search（*regexp*）

跟 `indexOf` 方法的用途類似，不過傳入的參數是正規表達式，因此可以模糊搜尋。相關重點統整如表 10-11、10-12 所示。

表 10-11　search 方法－參數說明

名稱	必要性	型別	預設值	說明
regexp	是	RegExp	無	正規表達式

表 10-12　search 方法－基本特性

ECMAScript	ES5	方法類型	實體
修改對象的值	否	回傳型別	number

```
1 // 10-11.js
2 let greeting = '早安! Yuri';
3 console.log(greeting.search(/[A-Za-z]/g)); // 4
```

slice（*startIndex*，*endIndex*）

取得從起始索引 *startIndex* 之後的文字。相關重點統整如表 10-13、10-14 所示。

表 10-13　slice 方法－參數說明

名稱	必要性	型別	預設值	說明
startIndex	是	number	無	起始的索引位置
endIndex	否	number	無	結束擷取的索引位置

表 10-14　slice 方法－基本特性

ECMAScript	ES5	方法類型	實體
修改對象的值	否	回傳型別	string

第二個參數 *endIndex* 為選擇性，表示結束擷取的索引位置，但不包含本身所指的字元。*endIndex* 為負數的話，則是從字串後面第一個算起。

```
1 // 10-12.js
2 '012345'.slice(1); // 12345
3 '012345'.slice(1, 4); // 123
4 '012345'.slice(1, -1); // 1234
```

split（*separator*，*limit*）

根據傳入的分割符號或正規表達式的規則，將字串切割成數個子字串，並依序放入陣列中回傳。第二個參數可以選擇性地控制陣列中的子字串數量。相關重點統整如表 10-15、10-16 所示。

表 10-15　split 方法－參數說明

名稱	必要性	型別	預設值	說明
separator	是	string 或 RegExp	無	分割的符號或規則
limit	否	number	無	最多回傳的數量

表 10-16　split 方法－基本特性

ECMAScript	ES5	方法類型	實體
修改對象的值	否	回傳型別	Array

```
1 // 10-13.js
2 const sentence = "How are you? I'm fine. Thank you";
3 const wordList = sentence.split(' ', 4);
4 console.log(wordList); // ['How', 'are', 'you?', "I'm"]
```

match (*regexp*)

透過傳入的正規表達式找到匹配的文字內容。相關重點統整如表 10-15、10-16 所示。

表 10-15 match 方法－參數說明

名稱	必要性	型別	預設值	說明
regexp	是	RegExp	無	正規表達式

表 10-16 match 方法－基本特性

ECMAScript	ES5	方法類型	實體
修改對象的值	否	回傳型別	Array

跟 `replace` 有相似的情形，在正規表達式中有沒有加上 `g`，回傳的結果會不相同。此外，正規表達式中有沒有以括號包覆部分的規則，結果也會有所差別。

```
1 // 10-14.js
2 // case 1
3 const greeting = '早安 Morning';
4 greeting.match(/[A-Za-z]/);
5 // ['M', index: 3, input: '早安 Morning', groups: undefined]
6 greeting.match(/[A-Z]/gi);// ['M', 'o', 'r', 'n', 'i', 'n','g']
7
8 // case 2
9 const message = '驗證碼: dK-493 / 驗證碼: uF-483';
10 message.match(/([A-Za-z]{2})-(\d{3})/);
11 //  ['dK-493', 'dK', '493', index: 5, input: '驗證碼: dK-493 /
   驗證碼: uF-483', groups: undefined]
12 message.match(/([A-Za-z]{2})-(\d{3})/g);// ['dK-493', 'uF-483']
```

觀察範例程式碼，有加上旗標 `g` 的情況，會回傳所有完全匹配的字串陣列；反之只會回傳對整個正規表達式和各群組中，所有第一個匹配的文字，接著回傳第一個匹配文字的索引 `index`、原字串 `input`，以及 `groups` 等屬性。

matchAll（*regexp*）

`matchAll` 顧名思義就是透過傳入的正規表達式找到**所有**匹配的文字內容，這也解決 `match` 這方面的限制。相關重點統整如表 10-17 至 10-19 所示。

表 10-17　matchAll 方法－參數說明

名稱	必要性	型別	預設值	說明
regexp	是	RegExp	無	正規表達式

表 10-18　matchAll 方法－基本特性

ECMAScript	ES2020	方法類型	實體
修改對象的值	否	回傳型別	迭代器

表 10-19　matchAll 方法－運作環境支援度

Chrome	Edge	Firefox	Safari	Node.js
v73 以上	v79 以上	v67 以上	v13 以上	v12.0.0 以上

不過在 `matchAll` 中，有些行為與回傳結果跟 `match` 是不一樣的。以 `match` 的範例程式碼來做說明－

- 正規表達式中，一定要加入旗標 `g`，否則會出現錯誤提示。
- 回傳結果為迭代器物件，可透過迴圈或是解構賦值的方式取得每組匹配的內容。

```
1 // 10-15.js
2 const allMatched1 = message.matchAll(/([A-Za-z]{2})-(\d{3})/);
3 // error: String.prototype.matchAll called with a non-global...
4
5 const allMatched2 = message.matchAll(/([A-Za-z]{2})-(\d{3})/g);
6 for (let v of allMatched2) { // 以for of替迭代器物件執行迴圈
7     console.log(v);
8 }
9 // 或
10 const allMatched2 = [...message.matchAll(/([A-Za-z]{2})-
   (\d{3})/g)];
11
12 // ['dK-493', 'dK', '493', index: 5, input: '驗證碼: dK-493 / 驗
   證碼: uF-483', groups: undefined]
13 // ['uF-483', 'uF', '483', index: 19, input: '驗證碼: dK-493 /
   驗證碼: uF-483', groups: undefined]
```

變動內文

trim()

將字串頭尾的空白全部移除。相關重點統整如表 10-20 所示。

表 10-20　trim 方法－基本特性

ECMAScript	ES5	方法類型	實體
修改對象的值	否	回傳型別	string

```
1 // 10-16.js
2 '     ES5到ESNext 精準進擊JS語法與核心      '.trim();
3 // ES5到ESNext 精準進擊JS語法與核心
```

trimStart() ／ trimEnd()

在 ES5 中的 `trim` 方法，只會對字串的頭尾都會把多餘的空白移除。ES2019 後擴充新的語法，可選擇某一方向的空白移除。相關重點統整如表 10-21、10-22 所示。

表 10-21　trimStart ／ trimEnd 方法－基本特性

ECMAScript	ES2019	方法類型	實體
修改對象的值	否	回傳型別	string

表 10-22　trimStart ／ trimEnd 方法－運作環境支援度

Chrome	Edge	Firefox	Safari	Node.js
v66 以上	v12 以上	v61 以上	v12 以上	v10.0.0 以上

```
1 // 10-17.js
2 const s1 = 'ECMAScript 關鍵 30 天|      ',
3       s2 = '         ES5到ESNext 精準進擊JS語法與核心';
4
5 const content = `${s1.trimEnd()}${s2.trimStart()}`;
6 // 或
7 const content = `${s1.trimRight()}${s2.trimLeft()}`;
8 // ECMAScript 關鍵 30 天|ES5到ESNext 精準進擊JS語法與核心
```

`trimStart` 方法會移除字串左方的空白，另外也可以執行 `trimLeft` 方法進行相同動作；而 `trimEnd` 方法則會移除字串右方的空白，同樣地也可以使用 `trimRight` 方法達到一樣目的。

replace（*target*，*replacer*）

將字串中與 *target* 完全相同，或是符合 *target* 的正規表達式，取代為 *replacer* 的字串，或是自訂取代行為的方法。相關重點統整如表 10-23、10-24 所示。

表 10-23　replace 方法－參數說明

名稱	必要性	型別	預設值	說明
target	是	RegExp 或 string	無	被取代的文字內容
replacer	是	string 或 Function	無	進行取代的文字或方式

表 10-24　replace 方法－基本特性

ECMAScript	ES5	方法類型	實體
修改對象的值	否	回傳型別	string

要注意的是，除非 *target* 使用正規表達式，並且有含有全域匹配的旗標 `g`，否則只會取代字串中第一個匹配的文字內容。

```
1 // 10-18.js
2 '寂寞的人被給予了思念就會顯得更寂寞'.replace('寂寞', '孤單');
3 // 孤單的人被給予了思念就會顯得更寂寞
4
5 const lyrics = 'I have a pen. I have an apple. Ah, Apple pen.';
6
7 lyrics.replace(/apple/, 'pineapple');
8 // 'I have a pen. I have an pineapple. Ah, Apple pen.';
9
10 lyrics.replace(/apple/gi, 'pineapple');
11 // "I have a pen. I have an pineapple. Ah, pineapple pen."
12 // i(ignore)的旗標，表示忽略大小寫
```

replaceAll（*target*，*replacer*）

`replaceAll` 顧名思義就是透過找到**所有**匹配傳入的正規表達式或是文字內容 `target`，並且取代為傳入的字串，或是自訂取代行為的 `replacer`。相關重點統整如表 10-25 至 10-27 所示。

表 10-25　replaceAll 方法－參數說明

名稱	必要性	型別	預設值	說明
target	是	RegExp 或 string	無	被取代的文字內容
replacer	是	string 或 Function	無	進行取代的文字或方式

表 10-26　replaceAll 方法－基本特性

ECMAScript	ES2021	方法類型	實體
修改對象的值	否	回傳型別	string

表 10-27　replaceAll 方法－運作環境支援度

Chrome	Edge	Firefox	Safari	Node.js
v85 以上	v85 以上	v77 以上	v13.1 以上	v15.0.0 以上

需要注意的是，在 `replaceAll` 中，正規表達式中一定要加入旗標 `g`，否則會出現錯誤提示。

```
1 // 10-19.js
2 '寂寞的人被給予了思念就會顯得更寂寞'.replaceAll('寂寞', '孤單');
3 // 孤單的人被給予了思念就會顯得更孤單
4
5 lyrics.replaceAll(/apple/, 'pineapple');
6 // error: String.prototype.replaceAll called...
7
8 lyrics.replaceAll(/apple/gi, 'pineapple');
9 // "I have a pen. I have an pineapple. Ah, pineapple pen."
```

repeat（*count*）

將字串的文字內容重複多次。相關重點統整如表 10-28、10-29 所示。

表 10-28　repeat 方法－參數說明

名稱	必要性	型別	預設值	說明
count	是	number	無	重複的次數

表 10-29　repeat 方法－基本特性

ECMAScript	ES2015	方法類型	實體
修改對象的值	否	回傳型別	string

```
1 // 10-20.js
2 const decoUnit = '🎉✨|';
3 const decoration = decoUnit.repeat(5);
4 // '🎉✨|🎉✨|🎉✨|🎉✨|🎉✨|'
```

padStart（*length*，*padString*）/ padEnd（*length*，*padString*）

重複填充空白或是特定字元到字串的開頭／結尾，直到到達指定的字串長度。相關重點統整如表 10-30、10-31 所示。

表 10-30　padStart ／ padEnd 方法－參數說明

名稱	必要性	型別	預設值	說明
length	是	number	無	填充後的字串長度
padString	否	string	''（空字串）	填充的內容

表 10-31　padStart ／ padEnd 方法－基本特性

ECMAScript	ES2017	方法類型	實體
修改對象的值	否	回傳型別	string

關於參數與語法的使用方式，以下方的範例程式碼來說明。

```
1 // 10-21.js
2 const title = 'NOTICE!';
3
4 function getHeader(count, startEmoji, endEmoji) {
5     let header = title.padStart(
6         title.length + startEmoji.length * count,
7         startEmoji
8     );
9     header = header.padEnd(
10      header.length + endEmoji.length * count,
11      endEmoji
12    );
13    return header;
14 }
15 const header = getHeader(5, '👉', '👈');
16 // "👉👉👉👉👉NOTICE!👈👈👈👈👈"
```

第 15 行分別傳入了填充的次數、字串開頭填充的內容，以及字串結尾填充的內容。第 5 至 12 行主要執行 `padStart` 和 `padEnd` 方法。需要注意的是，第一個傳入的參數為填充後的總字串長度，要以目前的字串長度，再加上填充後的長度。

DAY

11 正規表達式（RegExp）

簡介

在 Day 10 認識了字串型別，也知道了許多文字處理的語法。不過在實務開發，需要處理冗長複雜的字串，對字串進行特定內容的比對、取代、擷取等的時候，很多人選擇的解法會是正規表達式（Regular Expression）。

以白話來解釋正規表達式的話，就是透過一組類似句法的模式（pattern）拿來比對要檢查的字串，找出符合的文字內容。

許多程式語言中都有支援正規表達式，而且大致的規則相同。不過有些語言實作的方式不太一致，導致產生不同的撰寫風格。JavaScript 本身就發展出自己的比對規則與語法。因此如果是學過其他程式語言正規表達式的話，就要多注意不同之處囉！

正規表達式主要有以下三種組成－

- 以指定的文字加上特殊字元組成匹配的句法。
- 由兩個雙斜線（/）包覆匹配的句法。
- 後面可以選擇性地加上一個或多個旗標，設定全域的查找規則。

/ 匹配的句法（pattern） / 旗標（flags）

圖 11-1　正規表達式基本語法結構

建立方式

新增自訂的正規表達式時，基本上有以下兩種方式可以達成－

正規表達式字面值（regular expression literal）

實務上比較常使用的是以字面值的方式新增 RegExp 物件，寫法上較為簡潔。

```
1 // 11-1.js
2 const myRegExp = /^[a-z0-9_-]{3,15}$/gm;
3 console.log(myRegExp.test('ipsum')); // true
```

new RegExp（*regexp*，*flags*）

執行標準內建物件 RegExp 中的建構函式。傳入的匹配句法可以是正規表達式的字面值，也可以是句法的純字串。相關重點統整如表 11-1、11-2 所示。

表 11-1　new RegExp 方法－參數說明

名稱	必要性	型別	預設值	說明
regexp	是	RegExp 或 string	無	匹配的句法
flags	否	string	undefined	旗標

表 11-2　new RegExp 方法－基本特性

ECMAScript	ES5	方法類型	建構函式
修改對象的值	是（初始值）	回傳型別	RegExp

```
1 // 11-2.js
2 const myRegExp = new RegExp(/^[a-z0-9_-]{3,15}$/, 'gm');
3 // 或
4 const myRegExp = new RegExp('^[a-z0-9_-]{3,15}$', 'gm');
5
6 console.log(myRegExp.test('ipsum')); // true
```

特殊字元（character）

特殊字元是正規表達式的核心，每個特殊字元都代表不同的匹配規則。因此撰寫正規表達式之前，須先熟悉一些基本而且常用的特殊字元。

常用符號

以下的字元，是以一些符號作為保留字，當遇到這些符號時，就執行對應的匹配規則。如果需要將它們視為一般的文字處理，那麼在符號前加上跳脫字元（`\`），例如：`\*`、`\{`、`\+` 等。

量詞（Quantifiers）

指定目標文字出現的次數。相關符號統整如表 11-3 至 11-7 所示。

表 11-3　{d} 符號

字元：{ **d** }	符號前面的字母正好出現 d 次
/Yur{3}i/	Yurrri

表 11-4　{d1(, d2)} 符號

字元：{ **d1(, d2)** }	符號前面的字母出現 d1 次以上，可設最多次數 d2
/Yur{1, 3}i/	Yuri，Yurri，Yurrri

表 11-5　* 符號

字元：*	符號前面的字母可以出現 0 至多次
/Yur*i/	Yui，Yuri，Yurri，Yurrrrrrrrrrrrri

表 11-6　+ 符號

字元：+	符號前面的字母至少出現 1 次，同 {1, }
/Yur+i/	Yuri，Yurri，Yurrrrrrrrrrrrri

表 11-7　? 符號

字元：?	符號前面的字母出現 0 或 1 次，同 {0, 1}
/Yur?i/	Yui，Yuri

斷言（Assertions）

目標字串中的某個錨點需要符合特定條件。除了以下幾個，在待會看到的常見字母中介紹的 `\b` 跟 `\B` 也是歸類於斷言類別的特殊字元。相關符號統整如表 11-8、11-9 所示。

表 11-8　^ 符號

字元：^	以符號後面的文字作為開頭
/^Yuri/	Yuri 學習隨筆，Yuri!!! on ICE

表 11-9　$ 符號

字元：$	以符號前面的文字作為結尾
/Yuri$/	Hi Yuri，Goodbye Yuri

在 ES2018 後，釋出了後行（**lookbehinds**）斷言的符號支援。在這之前，得先了解什麼是先行（**lookaheads**）斷言。

先行斷言的重點會是放在這個斷言之「後」的文字內容，並且操作上有分正、負向，表示需不需要匹配括號內的句法。相關符號統整如表 11-10、11-11 所示。

表 11-10　x(?=y) 符號

字元：**x(?=y)**	**x 之後的文字內容，需匹配括號內的句法 y**
/re(?=g)/	regular expression => 匹配到 regular 的 re

表 11-11　x(?!y) 符號

字元：**x(?!y)**	**x 之後的文字內容，不需匹配括號內的句法 y**
/re(?!g)/	regular expression => 匹配到 expression 的 re

ES2018 釋出的後行斷言，重點則是放在這個斷言之「前」的文字內容，並且操作上一樣有分正、負向。相關符號統整如表 11-12、11-13 所示。

表 11-12　(?<=y)x 符號

字元：**(?<=y)x**	**x 之前的文字內容，需匹配括號內的句法 y**
/(?<=p)re/	regular expression => 匹配到 expression 的 re

表 11-13　(?<!=y)x 符號

字元：**(?<!=y)x**	**x 之前的文字內容，不需匹配括號內的句法 y**
/(?<!=p)re/	regular expression => 匹配到 regular 的 re

範圍（Ranges）

相關符號統整如表 11-14 至 11-16 所示。

表 11-14　| 符號

字元：**|**	符號前後兩個文字都可以匹配
/Yuri|Joe/	Yuri，Joe

表 11-15　[... ...] 符號

符號：**[... ...]**	包覆所有匹配的字元
/[A-Z0-9] /	My room number is 632 => 匹配到 M、632

表 11-16　[^... ...] 符號

符號：**[^... ...]**	包覆所有不匹配的字元
/[^A-Z0-9] /	My room number is 632 => 匹配到 y room number is

群組（Capturing Group）

ES2018 後釋出了命名群組（Named capturing groups）的標準。在句法中，括號裡的最前面加上 `?<name>`，就能為這個群組建立名稱，可以更方便使用這個名稱來取得對應符合的文字內容。相關符號統整如表 11-17 所示。

表 11-17　() 符號

符號：**()**	包覆局部的句法，形成新的匹配規則（群組）。符合的文字內容，依照群組的層級和順序，由外到內、由左到右列入結果陣列中
/Name: ((\w+) (\w+))/	Name: Yuri Tsai => 依序匹配到 Name: Yuri Tsai、Yuri Tsai、Yuri、Tsai

```
1 // 11-3.js
2 const myRegexp = /Name: (?<fullName>(?<firstName>\w+) (?
  <lastName>\w+))/;
3 const result = myRegexp.exec('Name: Yuri Tsai');
4
5 console.log(result.groups);
6 // {fullName: "Yuri Tsai", firstName: "Yuri", lastName: "Tsai"}
```

其他

相關符號統整如表 11-18 所示。

表 11-18　. 符號

符號：**.（小數點）**	匹配除了換行字元 (\n) [3] 之外的單一字元
/Yu.i/	Yuri、Yuni、Yuki

2　換行字元是格式控制的一種編碼，將顯示位置移到下一行的第一個位置。

常用字母

有些大小寫英文字母，在加上跳脫字元（\）就形成了匹配規則。相關符號統整如表 11-19 至 11-26 所示。

表 11-19　\b 符號

字元：\b	根據位置，前或後沒有其他的文字
/\ban\b/	I am a musician. => 匹配到 am，musician 不會

表 11-20　\B 符號

字元：\B	根據位置，前或後沒有其他的非文字
/\Ban/	I am a musician. => 匹配到 musician，am 不會

表 11-21　\d 符號

字元：\d	任何數字，同 [0-9]
/\d/	Room987 is on 45th floor. => 匹配到 987、45

表 11-22　\D 符號

字元：\D	非數字，同 [^0-9]
/\D/	Room987 is on B4. => 匹配到 Room、is on、B

表 11-23　\w 符號

字元：\w	字母、數字與底線，同 [A-Za-z0-9_]
/\w/	!@#123$%^Text&*)_ => 匹配到 123、Text、_

表 11-24　\W 符號

字元：\W	非字母、數字與底線，同 [^A-Za-z0-9_]
/\W/	!@#123$%^Text&*)_ => 匹配到 !@#、$%^、&*)

表 11-25　\s 符號

字元：\s	空白（space）、縮排（tab，\t）、換行字元（line feed，\n）和跳頁字元（form feed，\f）[4]
/\s/	I am Yuri. You are Joe. => 匹配到單字間的空白，以及第一行後的換行字元

表 11-26　\S 符號

字元：\S	非空白、縮排、換行字元和跳頁字元
/\S/	I am Yuri. You are Joe. => 匹配到 I、am、Yuri.、You、are、Joe.

旗標

旗標是用來設定全域的查找規則，並且可以組合多個使用。

在 JavaScript 中，一個 `RegExp` 物件會針對旗標提供實體屬性來查詢。透過取得屬性值，就可以知道這個正規表達式有沒有設定對應的旗標。相關旗標統整如表 11-27 至 11-32 所示。

表 11-27　g 旗標

字母	g	ECMAScript	ES5
對應屬性	global	全域匹配，回傳所有符合的內容	

表 11-28　m 旗標

字母	m	ECMAScript	ES5
對應屬性	multiline	允許從多行文字中查找	

3　跳頁字元是格式控制的一種編碼，將顯示位置移到下一頁第一行的第一格位置。

表 11-29　i 旗標

字母	i	ECMAScript	ES5
對應屬性	ignoreCase	英文字母的大小寫不區分	

表 11-30　s 旗標

字母	s	ECMAScript	ES5
對應屬性	dotAll	符號 . 可以匹配到換行字元 (\n)。等於是這個符號可以匹配到任一字元。	

表 11-31　u 旗標

字母	u	ECMAScript	ES2018
對應屬性	unicode	跳脱 unicode 的字元	

表 11-32　y 旗標

字母	y	ECMAScript	ES5
對應屬性	sticky	黏性匹配（sticky matching），見下方說明	

關於旗標 `y`，會根據實體屬性－ `lastIndex` 的位置開始看有沒有匹配，如果有匹配的話，`lastIndex` 的值就會變成符合文字的結束位置的下一個索引；如果沒有匹配的話，不會再往後查找，而且 `lastIndex` 的值會被重置為 0。

```
1 // 11-4.js
2 const string = 'I am Yuri';
3 const myRegexp = /Yuri/y;
4 console.log(myRegexp.test(string)); // false
5
6 myRegexp.lastIndex = 5;
7 console.log(myRegexp.test(string)); // true
8 console.log(myRegexp.lastIndex); // 9
9 console.log(myRegexp.test(string)); // false
10
11 myRegexp.lastIndex = 5;
12 console.log(myRegexp.test(string)); // true
```

重要方法

exec（*target*）

根據 `RegExp` 物件的匹配規則，執行目標字串的查找。相關重點統整如表 11-33、11-34 所示。

表 11-33　exec 方法－參數說明

名稱	必要性	型別	預設值	說明
target	是	string	無	目標字串

表 11-34　exec 方法－基本特性

ECMAScript	ES5	方法類型	實體
修改對象的值	否	回傳型別	Array 或 null

找到第一個匹配的文字內容時，就回傳結果陣列，並且依序會有這些資料－

- 目標字串中，匹配到整個句法的文字內容。
- `groups`：目標字串中，匹配到由部分規則形成的群組的文字內容。會依序顯示在第一個字串之後，也可以使用結果陣列的 `groups` 屬性取得。
- `index`：第一個文字內容的起始索引。可以使用結果陣列的 `index` 屬性取得。
- `input`：目標字串。可以使用結果陣列的 `input` 屬性取得。

如果沒有任何的匹配，就會回傳 `null`。

由於每次回傳匹配結果陣列後，會把下一次要開始查找的索引值紀錄在實體屬性 `lastIndex` 中，所以可以搭配迴圈來實現連續查找匹配文字的功能。

```
1 // 11-5.js
2 const myRegexp = /\w*.o\w+/dgi;
3 const target = 'Born to make history';
4
5 let currResult;
6 while ((currResult = myRegexp.exec(target)) !== null) {
7     console.log('這次的符合內容: ', currResult[0]);
8     console.log(`內容的起始索引值: ${currResult.index}`);
9     console.log(`下次開始查找的索引值: ${myRegexp.lastIndex}`);
10    console.log('---');
11 }
12 // 這次的符合內容: Born
13 // 內容的起始索引值: 0
14 // 下次開始查找的索引值: 4
15 // ---
16 // 這次的結果陣列: history
17 // 內容的起始索引值: 13
18 // 下次開始查找的索引值: 20
19
```

test（*target*）

查詢目標字串是否含有符合匹配規則的內容，以布林值回傳結果。相關重點統整如表 11-35、11-36 所示。

表 11-35　test 方法－參數說明

名稱	必要性	型別	預設值	說明
target	是	string	無	目標字串

表 11-36　test 方法－基本特性

ECMAScript	ES5	方法類型	實體
修改對象的值	否	回傳型別	boolean

```
1 // 11-6.js
2 const myRegexp = /(born).+?(history)/gi;
3 const target = 'Born to make history';
4 console.log(myRegexp.test(target)); // true
```

字串的相關語法

如果對 Day 10 的內容還有印象的話，應該會看到有些字串的內建方法是傳入正規表達式，對匹配的字串進行相關操作。相關語法整理如以表 11-37 所示。

表 11-37　字串的相關語法列表

語法	說明	頁數
search（regexp）	找出字串中匹配的位置	2-9
split（regexp）	將字串依照匹配的句法分割	2-11
match（regexp）	找出匹配的文字內容	2-12
matchAll（regexp）	找出匹配的文字內容	2-13
replace（target，replacer）	取代符合的文字內容	2-15
replaceAll（target，replacer）	取代符合的文字內容	2-16

這些語法實務上常會跟正規表達式內建的方法搭配使用。因此需要的話，可以一併熟悉以上字串型別提供的匹配方法。

Playgrounds

如果是第一次接觸到正規表達式，或是開發上很少碰到需要它，真的要為實務上的需求寫出正規表達式時，應該不少人還是會卡關（其實連我也是）。因此，可以使用現有的工具資源，輔助自己寫出正確，而且更簡潔的正規表達式。

以下如表 11-38 至 11-40 列的三個我蠻推薦的線上工具，提供給大家參考。

表 11-38　Playgrounds 網站－ iHateRegex

iHateRegex
https://ihateregex.io/ 透過關鍵字搜尋常見的匹配句法，並且以視覺化的方式解釋找出匹配字串的流程。

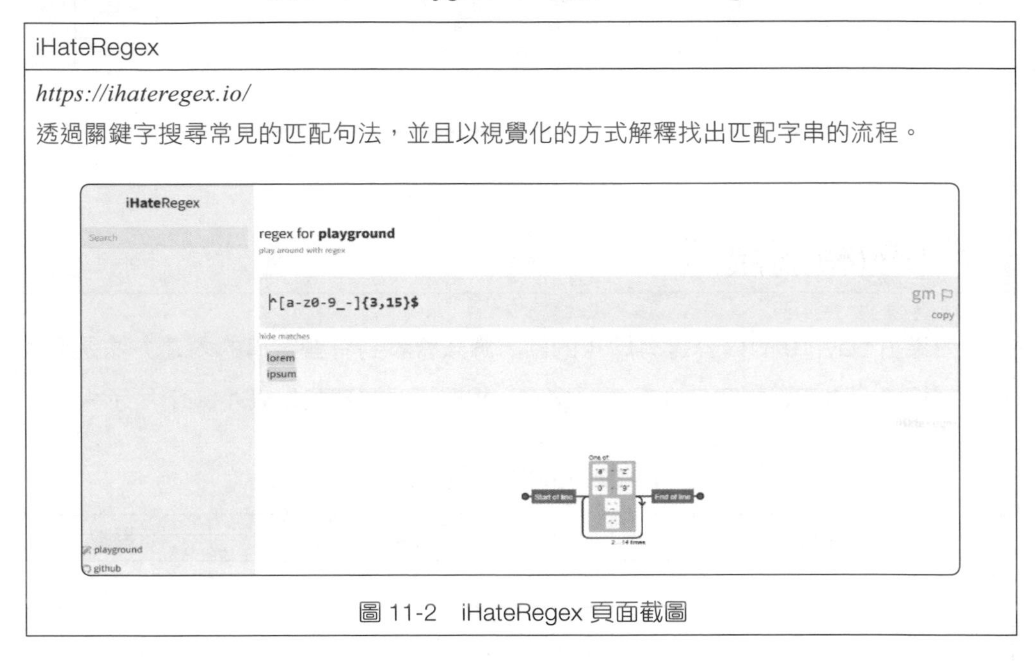

圖 11-2　iHateRegex 頁面截圖

表 11-39　Playgrounds 網站－ RegExr

RegExr
https://regexr.com/ 透過顏色的區分，將匹配句法分割，並且在下方有對應的顏色區塊說明匹配的規則。

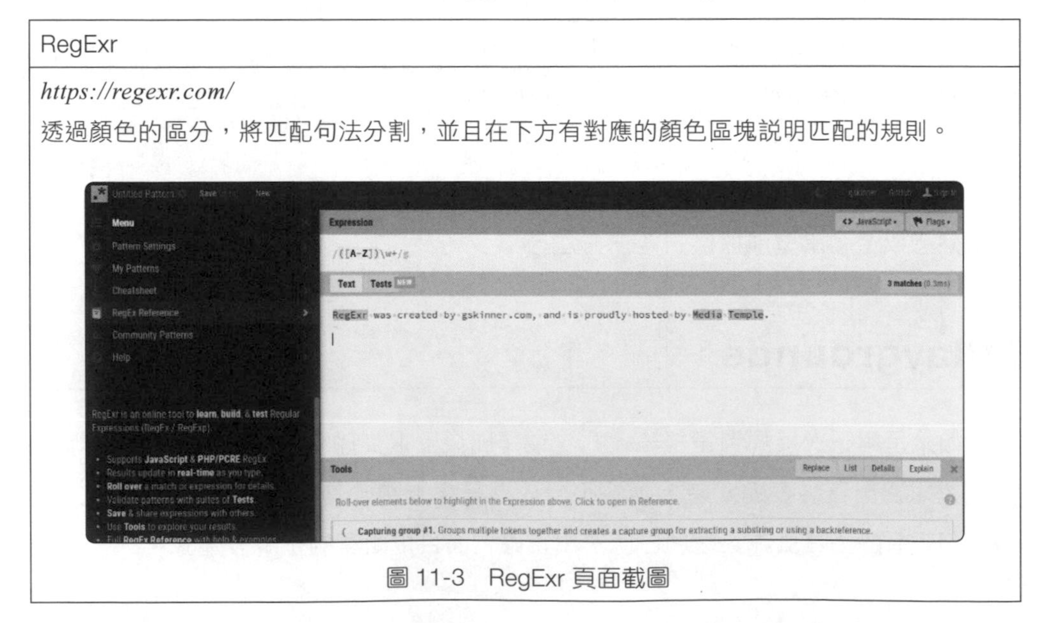

圖 11-3　RegExr 頁面截圖

表 11-40　Playgrounds 網站－ regex101

regex101
https://regex101.com/ 可以選擇匹配句法的撰寫風格，像是 PCRE、ECMAScript、Python 等。

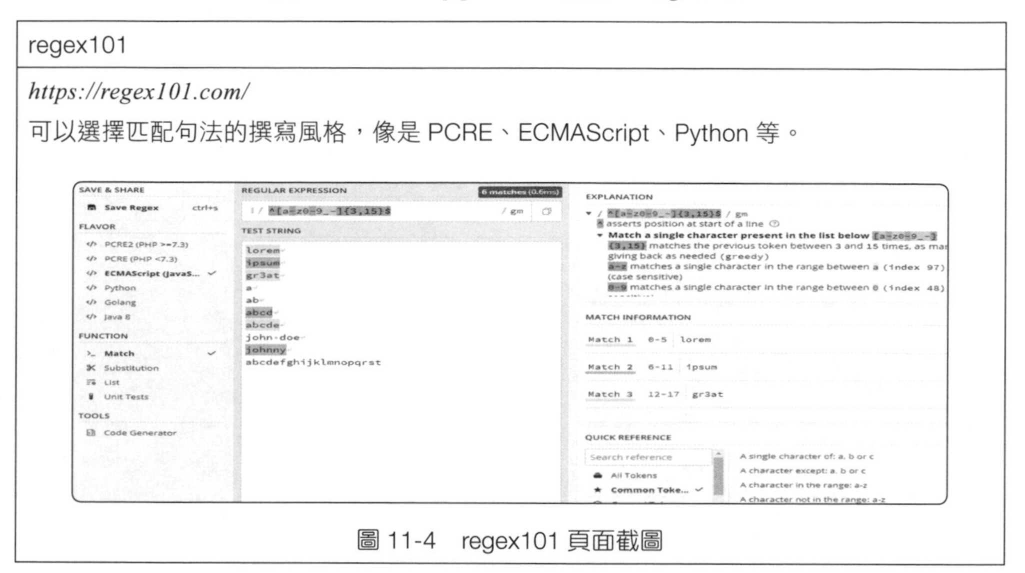

圖 11-4　regex101 頁面截圖

Note

PART

3 數值運算

數值是常見的資料型態之一。除了可以分成正負，也有整數和浮點數的差別。程式語言中廣泛地運用在邏輯判斷、取特定值和運算。在 JavaScript 中有三種標準內建物件－「Number」、「BigInt」和「Math」，提供不同情境下的處理方式。

整數（integer）與浮點數（floating-point number）

整數為負整數（-1，-2，-3，... ...）、正整數（1，2，3，... ...）和 0 的集合。

基於電腦位元數的關係，整數的大小通常會有上限和下限。在 ECMAScript 中，有安全最大正整數與安全最小負整數的定義，在後續章節會提到更多。

浮點數，也就是數學中定義的小數，表示帶有小數點後 n 位的負數或正數。例如：1.23，-573.5632 等。

DAY

12 數字（number ／ Number）

簡介

number 是基本型別，同時也具有對應的標準內建物件－ Number 物件來擴充屬性與方法。以中文來說通稱為數字，用來表示在特定數值範圍內的所有數字。

實務開發中，對數字型態的資料通常有以下的處理情境－

- 檢查是否符合條件。例如：檢查是否為整數。
- 數值的轉換。例如：轉為浮點數。
- 數值的運算。例如：一般的加減乘除運算。

因此，今天要來熟悉建立數字型別的資料、了解基本特性，以及常用的屬性和方法。

建立方式

數字是具有標準內建物件的基本型別，因此建立變數的方式有兩種。

數字字面值

實務中最常使用的建立方式。

```
1 // 12-1.js
2 let numberValue = 123;
3 console.log('numberValue:', numberValue); // numberValue: 123
```

new Number（*number*）

執行標準內建物件 `Number` 中的建構函式，可以傳入作為初始數值的參數。相關重點統整如表 12-1、12-2 所示。

表 12-1　new Number 方法－參數說明

名稱	必要性	型別	預設值	說明
number	否	number	null	預設的數值

表 12-2　new Number 方法－基本特性

ECMAScript	ES5	方法類型	建構函式
修改對象的值	是（初始值）	回傳型別	Number

```
1 // 12-2.js
2 let numberObject = new Number(123);
3 console.log('numberObject: ', numberObject);
4 // numberObject: Number {123}
```

重要屬性

Number.MIN_SAFE_INTEGER/Number.MAX_SAFE_INTEGER

還記得本篇的前言中有提到「在 ECMAScript 中，有安全最大正整數與安全最小負整數的定義」嗎？

電腦底層是採 2 進位運算，記憶體也是採 2 進位存取資料。另外 JavaScript 是採用浮點數存取任何的數值，浮點數轉為 2 進位以後並無法準確表達值，在計算上就會有誤差。如果直接打開瀏覽器 console，輸入「0.1 + 0.2」，結果並不會是 0.3，而是 0.30000000000000004。

圖 12-1　在瀏覽器中 console 執行計算結果

進一步來看實際存取的限制。任何轉為 2 進位的浮點數，只要超過 53 個 2 進位制的位數（相當於 16 個 10 進位制的位數）就無法保持數值的精確度。因此便有了安全最大正整數與安全最小負整數的值，分別為正負 $2^{53} - 1$。

為了方便，不需再經過數學運算取得，在 ES2015 中直接在 `Number` 物件中新增 `MIN_SAFE_INTEGER` 跟 `MAX_SAFE_INTEGER` 的靜態屬性。

```
1 // 12-3.js
2 Number.MAX_SAFE_INTEGER; // 9007199254740991
3 Number.MIN_SAFE_INTEGER; // -9007199254740991
```

Number.NaN

我們先來認識 `NaN`（Not a Number）。如同字面上所說，`NaN` 表示「不是數字」的意思。在 ECMAScript 的規範文件中，對於 `NaN` 的定義是－

number value that is an IEEE 754-2008 "Not-a-Number" value.

(數值是 IEEE 754-2008 所定義的「不是數字」的值。)

IEEE 754-2008是由電機電子工程師學會[1]為浮點數運算定義的標準。這跟上面有提到的，JavaScript 是以浮點數來存取跟運算數值有相關性。

以下的操作會得到一個特殊且無法再行運算的值，這種值就會依循這個 IEEE 的標準，回傳 `NaN` 的結果。

- 參與運算的數值中，至少有一個值是 `NaN`、字串或 `undefined`。
  0 與正無限大（`Number` 物件的靜態屬性－ `POSITIVE_INFINITY`），以及負無限小（`Number` 物件的靜態屬性－ `NEGATIVE_INFINITY`）的四則運算和指數運算。
- 嘗試將字串或 `undefined` 轉為數字，或是進行運算。
- 運算的結果不是實數[2]。

```
1 // 12-4.js
2 console.log(Number(undefined)); // 將 undefined 轉為數字
3 console.log(Number.parseFloat('我是字串')); // 字串參與運算
4 console.log(0 * Number.POSITIVE_INFINITY); // 0 跟 Infinity 的運
  算
5 console.log(undefined / 2); // undefined 參與運算
6 console.log(Math.sqrt(-1)); // 對負數開平方，結果不是實數
7 // 以上結果都會顯示 NaN
```

在 ES5 以前就有對應的屬性可以取得。不過在 ES2015 後擴充成為 `Number` 物件裡的靜態屬性。

1 電機電子工程師學會（Institute of Electrical and Electronics Engineers，IEEE），是世界上最具規模的專業技術組織之一，除了定義許多電機、計算機等標準，也持續技術研究並提供大量文獻。

2 實數（Real Number）包含了有連續性的正負數、小數等集合，可以進行基本的運算。

檢查符合條件

Number.isSafeInteger (*value*)

如果不想透過上面提到的屬性來寫條件判斷，可以透過 `isSafeInteger` 方法，就能直接判斷資料是不是整數，而且落在安全整數的範圍內。相關重點統整如表 12-3、12-4 所示。

表 12-3 Number.isSafeInteger 方法－參數說明

名稱	必要性	型別	預設值	說明
value	是	number	無	用來檢查的數字

表 12-4 Number.isSafeInteger 方法－基本特性

ECMAScript	ES2015	方法類型	靜態
修改對象的值	否	回傳型別	boolean

```
1 // 12-5.js
2 const number1 = 9007199254740991;
3 const number2 = 9007199254740992;
4
5 console.log(Number.isSafeInteger(number1));
6 console.log(Number.isSafeInteger(number2));
```

有一個特別的情況需要注意，當數值為安全最大整數加 2（9007199254740993），或是安全最小整數減 2（－9007199254740993）時，實際在記憶體裡存放的並不會是原本的數字，而是以安全最大整數加 1，或是安全最小整數減 1 的數值。因此在 JavaScript 世界中，你會看到這樣奇妙的結果－

```
1 // 12-6.js
2 9007199254740993 === 9007199254740992; // true
3 -9007199254740993 === -9007199254740992; // true
4
5 9007199254740993 - 3;
6 // 9007199254740989 >>> 正確數字應該是 9007199254740990
```

Number.isInteger（*value*）

不需要考慮是否在安全整數的範圍，只需要判斷是否為整數。相關重點統整如表 12-5、12-6 所示。

表 12-5　Number.isInteger 方法－參數說明

名稱	必要性	型別	預設值	說明
value	是	number	無	用來檢查的數字

表 12-6　Number.isInteger 方法－基本特性

ECMAScript	ES2015	方法類型	靜態
修改對象的值	否	回傳型別	boolean

```
1 // 12-7.js
2 console.log(Number.isInteger(100)); // true
3 console.log(Number.isInteger(3.14159)); // false
```

需要注意的是，在本篇的前言中有提到的「JavaScript 是採用浮點數存取任何數值」。進一步觀察，會發現這些轉成浮點數的數值會有以下現象，導致有時候使用這個方法，回傳結果會跟想像中的不一樣－

- 具有小數位數且都為 0 的浮點數，會完全等於整數。
- 浮點數轉為 2 進位後，最多只儲存到 53 個長度。也就是說超過的部分就會被忽略，造成誤差。

```
1 // 12-8.js
2 console.log(Number.isInteger(123.0)); // true
3 console.log(Number.isInteger(5.0000000000000009)); // false
4 console.log(Number.isInteger(5.00000000000000009)); // true
```

Number.isNaN（*value*）

實務中為了避免有 `NaN` 的資料導致結果的異常，通常會先判斷資料到底是不是 `NaN`。如果只知道有個 `Number.NaN` 屬性，你可能會直接拿來做等號相比－

```
1 // 12-9.js
2 const myNaN = NaN;
3 console.log(myNaN === Number.NaN); // false
4 console.log(Number.NaN === Number.NaN); // false
```

在 JavaScript 的世界中，`NaN` 是個無法用數字呈現的值，它無法使用跟一般數值比較的方式。所以會發現，不僅無法拿它跟變數等號相比，就連它自己跟自己來比較嚴格相等性，也是會回 `false`。

因此在 ES5 以前，就有提供一個全域的方法－ `isNaN()` 來幫助開發者判斷。ES2015 後，在 `Number` 物件中擴充了 `isNaN()` 的靜態方法。相關重點統整如表 12-7、12-8 所示。

表 12-7　Number.isNaN 方法－參數說明

名稱	必要性	型別	預設值	說明
value	是	number	無	用來檢查的數字

表 12-8　Number.isNaN 方法－基本特性

ECMAScript	ES2015	方法類型	靜態
修改對象的值	否	回傳型別	boolean

全域方法以及 `Number` 物件的靜態方法，實作方式不太一樣。直接以 Polyfill 的實現來比較看看－

```
 1 // 12 10.js
 2 // 全域的 isNaN()
 3 function isNaN(value) {
 4     const numberValue = Number(value);
 5     return numberValue !== numberValue;
 6 }
 7
 8 // Number 物件的 isNaN()
 9 Number.isNaN = function (value) {
10     return typeof value === 'number' && value !== value;
11 };
```

全域的 `isNaN()`，不管參數 *value* 是什麼型態，都會先嘗試轉為數字型別；而 `Number` 物件的 `isNaN()` 則是多加一個條件，先檢查型別是不是為數字。

為什麼兩者的實作方式會不一致呢？

假設被測試的資料是字串，使用全域的方法，就會被強制轉型為數字成為 `NaN`，最後相比結果會是回傳 `true`，這樣的結果並不是我們所期待的。因此在後續的擴充上，就改善了實作方式，並且鼓勵開發者盡量使用 `Number.isNaN()`。

```
1 // 12-11.js
2 console.log(isNaN('STRING'), Number.isNaN('STRING'));
3 // true false
4
5 console.log(isNaN(undefined), Number.isNaN(undefined));
6 // true false
```

轉換數值

toFixed（*digits*）

對浮點數取得小數點後特定位數。回傳的結果會是字串型別。相關重點統整如表 12-9、12-10 所示。

表 12-9　toFixed 方法－參數說明

名稱	必要性	型別	預設值	說明
digits	否	number	0	小數位數的範圍

表 12-10　toFixed 方法－基本特性

ECMAScript	ES5	方法類型	實體
修改對象的值	否	回傳型別	string

關於傳入的 *digits* 參數有一些需要注意的地方－

- 選擇性傳入，預設值為 0，表示小數點之後的位數一律不顯示。
- 數值範圍為 0 ～ 100 之間，如果不在這個範圍的話會回傳錯誤。
- 如果數字本身的位數比這個參數少，不一定會以 0 補滿。
- 如果數字本身的位數比這個參數多，則會以小數點後 *digits* ＋ 1 位的值來四捨五入。

來看幾個範例來熟悉一下吧！

```
1 // 12-12.js
2 const testNumber = 486.123456789;
3
4 const a = testNumber.toFixed(10); // '486.1234567890'
5 const b = testNumber.toFixed(15);
6 // '486.123456788999988' >>> 不是想像中的 '486.123456789000000'
7
8 // 以 digits+1 位判斷四捨五入
9 const c = testNumber.toFixed(3); // '486.123'
10 const d = testNumber.toFixed(4); // '486.1235'
11
12 const e = testNumber.toFixed(101);
13 // error: toFixed() digits argument must be between 0 and 100
```

toString（*radix*）

將數字以特定的進位方式轉換後，以字串回傳結果。相關重點統整如表 12-11、12-12 所示。

表 12-11　toString 方法－參數說明

名稱	必要性	型別	預設值	說明
radix	否	number	10	進位制的基數

表 12-12　toString 方法－基本特性

ECMAScript	ES5	方法類型	實體
修改對象的值	否	回傳型別	string

傳入的參數 *radix* 是表示進位制的基數，其中有些需要注意的地方－

- 選擇性傳入，預設值為 10。表示使用 10 進位的方式轉換。
- 數值範圍為 2 ～ 36 之間，如果不在這個範圍的話會回傳錯誤。

舉一個常用來說明的例子。用來表達顏色的編碼－ Hex 跟 RGB，如果要做這兩種格式的轉換，只需把數值轉成特定進位即可。以 RGB 轉為 Hex 來說，輸入一個介於 0 ～ 255 的整數，並以 16 進位轉換，就可以得到對應的 Hex 格式的顏色編碼。

```
1 // 12-13.js
2 function toHexCode(n) {
3     if (n > -1 && n < 256) {
4         // toFixed的回傳結果是字串
5         // 所以外面再使用宣告Number物件的方式轉為數字
6         const hex = Number(n.toFixed()).toString(16);
7         return hex.length === 1 ? `0${hex}` : hex;
8     }
9 }
10
11 console.log(toHexCode(255)); // 'ff'
12 console.log(toHexCode(0)); // '00'
```

Number.parseInt（*value*，*radix*）

將輸入的字串 *value* 轉成整數。如果無法轉為數值，則回傳 `NaN`。*radix* 則跟上面提到的 `toString` 方法一樣，表示進位制的基數。相關重點統整如表 12-13、12-14 所示。

表 12-13　Number.parseInt 方法－參數說明

名稱	必要性	型別	預設值	說明
value	是	number	無	用來轉換的數字
radix	否	number	10	進位制的基數

表 12-14　Number.parseInt 方法－基本特性

ECMAScript	ES2015	方法類型	靜態
修改對象的值	否	回傳型別	number

跟 `NaN` 一樣，在 ES5 以前就有對應的全域方法可以呼叫，不過在 ES2015 後擴充成為 `Number` 物件裡的靜態方法。

```
1 // 12-14.js
2 console.log(parseInt('123')); // 123
3 console.log(Number.parseInt('-532')); // -532
4 console.log(Number.parseInt('   3.14159   ')); // 3
5 console.log(Number.parseInt('NaN')); // NaN
6 console.log(Number.parseInt('true')); // NaN
7 console.log(Number.parseInt('I am string!')); // NaN
```

Number.parseFloat（*value*）

將輸入的字串轉成浮點數。如果無法轉為數值，則回傳 `NaN`。相關重點統整如表 12-15、12-16 所示。

表 12-15　Number.parseFloat 方法－參數說明

名稱	必要性	型別	預設值	說明
value	是	string	無	用來轉換的數字

表 12-16　Number.parseFloat 方法－基本特性

ECMAScript	ES2015	方法類型	靜態
修改對象的值	否	回傳型別	number

跟 `parseInt` 方法一樣，在 ES5 以前就有對應的全域方法可以呼叫，不過在 ES2015 後擴充成為 `Number` 物件裡的靜態方法。

```
1 // 12-15.js
2 console.log(parseFloat('123.456')); // 123.456
3 console.log(Number.parseFloat('-532')); // -532
4 console.log(Number.parseFloat('  3.14159  ')); // 3.14159
5 console.log(Number.parseFloat('NaN')); // NaN
6 console.log(Number.parseFloat('true')); // NaN
7 console.log(Number.parseFloat('I am string!')); // NaN
```

DAY

13 bigint ／ BigInt

簡介

`bigint` 是 ES2020 推出的全新標準，是基本型別，同時具有對應的標準內建物件－ `BigInt` 物件來擴充方法。

回想 Day 12 內容提到的，JavaScript 中有安全最大整數跟安全最小整數的範圍定義，讓數值確保在這個範圍內可以不失精確度。不過如果需要取得超過範圍的數值，運算過後一樣不失精確度，勢必得建立新的資料型別來描述這種數值。

正式標準推出以前，如果有實務上的需求，會先安裝相關的函式庫，像是 bn.js[3]。ECMAScript 為了解決上述的問題，在 ES2020 推出了最新的基本型別－ `bigint`，並提供一些方法的實作。

建立方式

`bigint` 在宣告和指派值的方式和一般基本型別比較不同，並且建立的值只能為**正負整數**，需要特別注意。

bigint 字面值

實務中最常使用的方式，直接在數字的後面加上 `n`。

3 bn.js 是個函式庫，可以使用 JavaScript 來操作安全整數範圍以外的數值。更多說明可以至 GitHub 查看－ *https://github.com/indutny/bn.js/*。

```
1 // 13-1.js
2 const iAmNumber = 3000;
3 const iAmBigInt = 3000n;
4
5 console.log(iAmNumber === iAmBigInt); // false
```

BigInt（*value*）

使用全域方法建立。相關重點統整如表 13-1 至 13-3 所示。

表 13-1 BigInt 方法－參數說明

名稱	必要性	型別	預設值	說明
value	是	number	無	要轉換成 bigint 的數值

表 13-2 BigInt 方法－基本特性

ECMAScript	ES2020	方法類型	全域
修改對象的值	是（初始值）	回傳型別	bigint

表 13-3 BigInt 方法－運作環境支援度

Chrome	Edge	Firefox	Safari	Node.js
v67 以上	v79 以上	v68 以上	v14 以上	v10.4.0 以上

```
1 // 13-1.js
2 const iAmNumber = 3000;
3 const iAmBigInt = BigInt(3000); // 3000n
4
5 console.log(iAmNumber === iAmBigInt); // false
```

Object (*bigint*)

以 `Object()` 包覆已經是 `bigint` 型別的數字。

```
1 // 13-3.js
2 const bigInt1 = Object(123n); // BigInt {123n}
3 const bigInt2 = Object(BigInt(123)); // BigInt {123n}
4
5 console.log(bigInt1 === bigInt2); // false
```

運算與比較

在數學的基本運算中，加、減、乘、除，以及求冪方（`**`）的運算都可以。只不過 `bigint` 型別的資料只能是正負整數，除法運算的結果可能會產生浮點數，這時會捨棄小數點以後的位數再回傳，導致無法精準表達值。

另外參與運算的數字也都需要轉為 `bigint` 型別。

```
1 // 13-4.js
2 let bigintNum = 9999999999999999n;
3
4 console.log(bigintNum + 1n); // 10000000000000000n
5 console.log(bigintNum - 9n); // 9999999999999990n
6 console.log(bigintNum * 2n); // 19999999999999998n
7 console.log(bigintNum / 3n); // 3333333333333333n
8 console.log(bigintNum / 2n);
9 // 4999999999999999n(精確的結果應該是 4999999999999999.5)
```

在數值的比較上，我們先看前面有提到一個特殊情況，那就是資料都是數字型別的狀況下，2^{53}(9007199254740992) 會等於 2^{53} + 1(9007199254740993)。如果轉為 `bigint` 型別的話就可以精準比較。

```
1 // 13-5.js
2 9007199254740992 === 9007199254740993; // true
3 9007199254740992n === 9007199254740993n; // false
```

另外整數轉為 `bigint` 型別後，就不會跟原本的整數相等了。

```
1 // 13-6.js
2 let numberValue = 123;
3 let bigintValue = BigInt(numberValue);
4
5 console.log(numberValue === numberValue); // true
6 console.log(numberValue === bigintValue); // false
```

其他的大小比較就跟一般的數字沒有差別，並且也可以跟不是 `bigint` 的資料型別來比較。

```
1 // 13-7.js
2 console.log(-1n > -2); // true
3 console.log(2n < 6.5); // true
```

重要方法

宣告一個無論是數字型別或是 `bigint` 型別的變數時，記憶體都會固定分配 64 位元長度的空間給這個數值。如果需要優化記憶體管理，並且可以掌握資料所需的空間長度，那麼就可以使用以下兩種方法來彈性分配記憶體空間。

BigInt.asUintN（*bitsWidth*，*bigintValue*）

依照傳入的 *bitWidth* 參數，配置 *bitWidth* 個位元長度給 *bigintValue*。相關重點統整如表 13-4 至 13-6 所示。

表 13-4　BigInt.asUintN 方法－參數說明

名稱	必要性	型別	預設值	說明
bitWidth	是	number	無	以多少的位元配置記憶體
bigintValue	是	bigint	無	bigint 型別的數值

表 13-5　BigInt.asUintN 方法－基本特性

ECMAScript	ES2020	方法類型	靜態
修改對象的值	否	回傳型別	bigint

表 13-6　BigInt.asUintN 方法－運作環境支援度

Chrome	Edge	Firefox	Safari	Node.js
v67 以上	v79 以上	v68 以上	v14 以上	v10.4.0 以上

需要注意的是，*bigintValue* 的最大值，不能大於 2 的 *bitWidth* 次方減 1($2^{bitsWidth}$ – 1)，如果超過的話，回傳結果會是從範圍的最小值 –0n 開始算起。

```
1 // 13-8.js
2 const twoPowerTen = 2n ** 10n; // 1024n
3 const maxValue = twoPowerTen - 1n; // 1023n
4
5 console.log(BigInt.asUintN(10, maxValue)); // 1023n
6 console.log(BigInt.asUintN(10, maxValue + 1n)); // 0n
7 console.log(BigInt.asUintN(11, maxValue)); // 1023n
8 console.log(BigInt.asUintN(11, maxValue + 1n)); // 1024n
```

BigInt.asIntN（*bitsWidth*，*bigintValue*）

參數說明跟上個方法一樣，但是回傳的結果會多存一個正負號來表示是正數或是負數。相關重點統整如表 13-7 至 13-9 所示。

表 13-7 BigInt.asIntN 方法－參數說明

名稱	必要性	型別	預設值	說明
bitWidth	是	number	無	以多少的位元配置記憶體
bigintValue	是	bigint	無	bigint 型別的數值

表 13-8 BigInt.asIntN 方法－基本特性

ECMAScript	ES2020	方法類型	靜態
修改對象的值	否	回傳型別	bigint

表 13-9 BigInt.asIntN 方法－運作環境支援度

Chrome	Edge	Firefox	Safari	Node.js
v67 以上	v79 以上	v68 以上	v14 以上	v10.4.0 以上

比起 `BigInt.asUintN` 方法來說，會需要再多一個位元長度來存放正負號。另外如果數值超過 $2^{bitsWidth}$ – 1 的話，回傳的最小值不是 0n，而是從 $-2^{bitsWidthn}$ 開始算起。

```
1 // 13-9.js
2 console.log(BigInt.asIntN(10, maxValue)); // -1n
3 console.log(BigInt.asIntN(10, maxValue + 1n)); // 0n
4 console.log(BigInt.asIntN(11, maxValue)); // 1023n
5 console.log(BigInt.asIntN(11, maxValue + 1n)); // -1024n
```

toString (*radix*)

覆蓋 `Object` 原有的實作方法，將 `bigint` 型別的資料以特定的進位方式轉換。相關重點統整如表 13-10 至 13-12 所示。

表 13-10　toString 方法－參數說明

名稱	必要性	型別	預設值	說明
radix	否	number	10	進位制的基數

表 13-11　toString 方法－基本特性

ECMAScript	ES2020	方法類型	實體
修改對象的值	否	回傳型別	string 或 number

表 13-12　toString 方法－運作環境支援度

Chrome	Edge	Firefox	Safari	Node.js
v67 以上	v79 以上	v68 以上	v14 以上	v10.4.0 以上

回傳的結果有幾個需要注意的地方－

- 如果結果是正數，型別會是字串。
- 如果結果是負數，型別就會是數字。
- 原本數值後面的 `n` 在轉換後會被移除。

關於傳入的參數 `radix` 的說明，與數字型別內建的 `toString` 方法一樣，可以參考 Day 12。

```
1 // 13-10.js
2 console.log(1024n.toString(), typeof 1024n.toString());
3 // 1024 string
4 console.log(-1024n.toString(), typeof -1024n.toString());
5 // -1024 number
6 console.log(1024n.toString(2), typeof 1024n.toString(2));
7 // 10000000000 string
```

DAY

14 數學（Math）

簡介

`Math` 物件主要是定義跟數學相關的常數和運算式。本身是個沒有建構函式的內建物件，表示所有的屬性與方法都是靜態的。

重要屬性

Math.PI

近似於圓周率的數值常數。雖然是圓周率是無窮小數，但是因記憶體的限制，`Math.PI` 只取到小數點後 15 位，也就是 3.141592653589793。相關重點統整如表 14-1 所示。

表 14-1　Math.PI 屬性－基本特性

ECMAScript	ES5	屬性層級	靜態
唯讀屬性	是	屬性型態	number

重要方法

Math.floor（*value*）

回傳小於等於傳入數值的最大整數。如果是正數的話，直接把小數點後的位數移除；如果是負數的話，則是把小數點後的位數移除後再減 1。相關重點統整如表 14-2、14-3 所示。

表 14-2　Math.floor 方法－參數說明

名稱	必要性	型別	預設值	說明
value	是	number	無	數值對象

表 14-3　Math.floor 方法－基本特性

ECMAScript	ES5	方法類型	靜態
修改對象的值	否	回傳型別	number

```
1 // 14-1.js
2 console.log(Math.floor(83)); //   83
3 console.log(Math.floor(83.4824)); //  83
4 console.log(Math.floor(83.7359)); //  83
5 console.log(Math.floor(-83.4824)); // -84
6 console.log(Math.floor(-83.7359)); // -84
```

Math.round（*value*）

回傳四捨五入後的近似值。相關重點統整如表 14-4、14-5 所示。

表 14-4　Math.round 方法－參數說明

名稱	必要性	型別	預設值	說明
value	是	number	無	數值對象

表 14-5　Math.round 方法－基本特性

ECMAScript	ES5	方法類型	靜態
修改對象的值	否	回傳型別	number

要注意的是，有些情況回傳的結果會有差別。像是小數點後只有一位，數值剛好是 5 的話，回傳結果並不會是以遇五則入的方式來處理，而是直接捨去。

```
1 // 14-2.js
2 console.log(Math.round(83)); //   83
3 console.log(Math.round(83.4824)); //  83
4 console.log(Math.round(83.7359)); //  84
5 console.log(Math.round(-83.4824)); // -83
6 console.log(Math.round(-83.7359)); // -84
7 console.log(Math.round(-2.5)); // -2
8 console.log(Math.round(-2.5000000001)); // -3
```

Math.ceil（*value*）

回傳大於等於傳入數值的最小整數。相關重點統整如表 14-6、14-7 所示。

表 14-6　Math.ceil 方法－參數說明

名稱	必要性	型別	預設值	說明
value	是	number	無	數值對象

表 14-7　Math.ceil 方法－基本特性

ECMAScript	ES5	方法類型	靜態
修改對象的值	否	回傳型別	number

如果是正數的話，把小數點後的位數移除後再加一；如果是負數的話，則是直接把小數點後的位數移除。

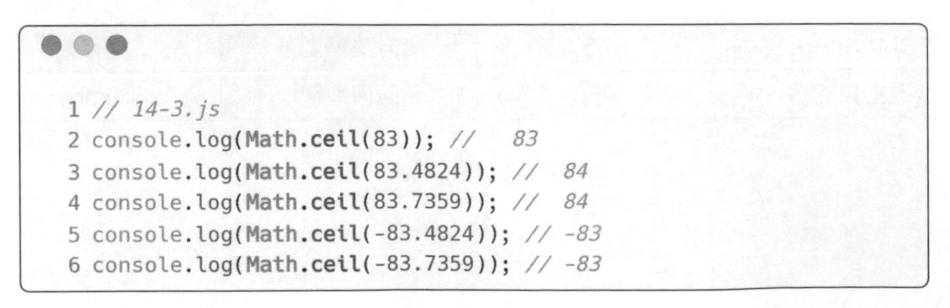

```
1 // 14-3.js
2 console.log(Math.ceil(83)); //   83
3 console.log(Math.ceil(83.4824)); //  84
4 console.log(Math.ceil(83.7359)); //  84
5 console.log(Math.ceil(-83.4824)); // -83
6 console.log(Math.ceil(-83.7359)); // -83
```

Math.random()

隨機回傳 0 至 1 之間，但是不包含 1 的浮點數。相關重點統整如表 14-8 所示。

表 14-8　Math.random 方法－基本特性

ECMAScript	ES5	方法類型	靜態
修改對象的值	否	回傳型別	number

以實際的例子來熟悉實務上怎麼應用。

- 隨機從陣列中取得其中一個元素的索引。`Math.random` 方法乘上陣列長度後，再以 `Math.floor` 方法無條件捨去小數點後的位數。

```
1 // 14-4.js
2 const nameArray = ['Jeff', 'Sherry', 'Tom', 'Ann'];
3 const index = Math.floor(Math.random() * nameArray.length);
4 console.log(index, nameArray[index]); // 3 'Ann'
```

- 給定最大值－ *max* 跟最小值－ *min*，隨機回傳大於等於 *min*，以及小於 *max* 的數值。先取得數值的範圍（*max* - *min*）再乘上 `Math.random` 方法。最小值的情況至少要等於 *min*，所以還要再加上 *min*。

```
1 // 14-5.js
2 function getNumberFromRange(min, max) {
3     return Math.random() * (max - min) + min;
4 }
5
6 console.log(getNumberFromRange(0, 100)); // 1.977704253278012
7 console.log(getNumberFromRange(-30, 0)); // -19.608560986079336
```

Math.abs（*value*）

取得傳入數值的絕對值。如果傳入的資料如果是其他型別，則會先嘗試轉成數字型別的值再回傳結果。相關重點統整如表 14-9、14-10 所示。

表 14-9　Math.abs 方法－參數說明

名稱	必要性	型別	預設值	說明
value	是	number	無	數值對象

表 14-10　Math.abs 方法－基本特性

ECMAScript	ES5	方法類型	靜態
修改對象的值	否	回傳型別	number

```
1 // 14-6.js
2 console.log(Math.abs(-50)); // 50
3 console.log(Math.abs(50)); // 50
4 console.log(Math.abs(true)); // 1
5 console.log(Math.abs(false)); // 0
6 console.log(Math.abs(null)); // 0
7 console.log(Math.abs(undefined)); // NaN
```

Math.pow（*base*，*exponent*）

回傳基數 *base* 的 *exponent* 個次方後的計算結果，用數學式表達就是 $base^{exponent}$。相關重點統整如表 14-11、14-12 所示。

表 14-11　Math.pow 方法－參數說明

名稱	必要性	型別	預設值	說明
base	是	number	無	基數
exponent	是	number	無	次方數

表 14-12 Math.pow 方法－基本特性

ECMAScript	ES5	方法類型	靜態
修改對象的值	否	回傳型別	number

```
1 // 14-7.js
2 console.log(Math.pow(2, 10)); // 1024
3 console.log(Math.pow(2, -3)); // 0.125
4 console.log(Math.pow(2, 4 / 5)); // 1.7411011265922482
5 console.log(Math.pow(2, -0.5)); // 0.7071067811865475
```

Math.sqrt (*value*)

取得傳入數值的平方根。相關重點統整如表 14 13、14-14 所示。

表 14-13 Math.sqrt 方法－參數說明

名稱	必要性	型別	預設值	說明
value	是	number	無	數值對象

表 14-14 Math.sqrt 方法－基本特性

ECMAScript	ES5	方法類型	靜態
修改對象的值	否	回傳型別	number

如果傳入的資料是其他型別，會先嘗試轉成數字型別的值再回傳結果。

```
1 // 14-8.js
2 console.log(Math.sqrt(9)); // 3
3 console.log(Math.sqrt(-9)); // NaN
4 console.log(Math.sqrt(0)); // 0
5 console.log(Math.sqrt(+0)); // 0
6 console.log(Math.sqrt(true)); // 1
7 console.log(Math.sqrt(false)); // 0
8 console.log(Math.sqrt(null)); // 0
9 console.log(Math.sqrt(undefined)); // NaN
```

Math.sign（*value*）

根據不同的回傳結果，判斷資料是正負數、0、還是其他類型。相關重點統整如表 14-15、14-16 所示。

表 14-15　Math.sign 方法－參數說明

名稱	必要性	型別	預設值	說明
value	是	number	無	數值對象

表 14-16　Math.sign 方法－基本特性

ECMAScript	ES2015	方法類型	靜態
修改對象的值	否	回傳型別	number

傳入的資料如果是其他型別，則會先嘗試轉成數字型別的值再回傳結果。

- 正數：一律回傳 1。
- 負數：一律回 -1。
- +0 ／ 0：一律回傳 0。
- -0：一律回傳 -0。
- 字串：轉成數字型別後，再根據以上情形回傳。如果不是數字，則會回傳 `NaN`。
- 布林值：`true` 的話，回傳 1；`false` 的話，回傳 0。
- `null`：一律回傳 0。
- `undefined`：一律回傳 `NaN`。

```
1 // 14-9.js
2 console.log(Math.sign(456.2432)); // 1
3 console.log(Math.sign(-4731.343847)); // -1
4 console.log(Math.sign(+0)); // 0
5 console.log(Math.sign(-0)); // -0
6 console.log(Math.sign('865.346')); // 1
7 console.log(Math.sign('I am STRING!')); // NaN
8 console.log(Math.sign(true)); // 1
9 console.log(Math.sign(false)); // 0
10 console.log(Math.sign(null)); // 0
11 console.log(Math.sign(undefined)); // NaN
```

Math.trunc（*value*）

將數值的小數點移除，只回傳整數的結果。相關重點統整如表 14-17、14-18 所示。

表 14-17　Math.trunc 方法－參數說明

名稱	必要性	型別	預設值	說明
value	是	number	無	數值對象

表 14-18　Math.trunc 方法－基本特性

ECMAScript	ES2015	方法類型	靜態
修改對象的值	否	回傳型別	number

如果傳入的資料如果是其他型別，則會先嘗試轉成數字型別的值再回傳結果。像是－

- 字串：轉成數字型別後回傳整數部分，如果不是數字，則會回傳 `NaN`。
- 布林值：`true` 的話，回傳 1；`false` 的話，回傳 0。
- `null`：一律回傳 0。

- `undefined`：一律回傳 `NaN`。

```
1 // 14-10.js
2 console.log(Math.trunc(456.2432)); // 456
3 console.log(Math.trunc(-4731.343847)); // -4731
4 console.log(Math.trunc('865.346')); // 865
5 console.log(Math.trunc('I am STRING!')); // NaN
6 console.log(Math.trunc(true));  // 1
7 console.log(Math.trunc(null));  / 0
8 console.log(Math.trunc(undefined)); // NaN
```

那麼跟上面提到的－ `Math.floor` 方法、`Math.round` 方法和 `Math.ceil` 方法有什麼不一樣呢？

如果只是單純取得整數部分，並不需要根據正負號和小數點後的位數來變動整數的話，直接使用 `Math.trunc` 方法就好。

```
1 // 14-11.js
2 const numArray = [5.12, 5.89, -5.12, -5.89];
3
4 function format(value) {
5     return value.toString().padStart(7);
6 }
7
8 console.log(` value | trunc | floor | round |  ceil |`);
9 console.log(`---------------------------------------`);
10
11 numArray.forEach((value) => {
12     console.log(
  `${format(value)}|${format(Math.trunc(value))}|${format(
13             Math.floor(value)
14 )}|${format(Math.round(value))}|${format(Math.ceil(value))}|`
15     );
16 });
```

印出的結果如以下－

```
1 // 14.12.js
2 // value | trunc | floor | round | ceil |
3 // -------------------------------------
4 //   5.12|     5|      5|      5|     6|
5 //   5.89|     5|      5|      6|     6|
6 //  -5.12|    -5|     -6|     -5|    -5|
7 //  -5.89|    -5|     -6|     -6|    -5|
```

Math.cbrt（*value*）

取得傳入數值的立方根。相關重點統整如表 14-19、14-20 所示。

表 14-19　Math.cbrt 方法－參數說明

名稱	必要性	型別	預設值	說明
value	是	number	無	數值對象

表 14-20　Math.cbrt 方法－基本特性

ECMAScript	ES2015	方法類型	靜態
修改對象的值	否	回傳型別	number

如果傳入的資料如果是其他型別，則會先嘗試轉成數字型別的值再回傳結果。

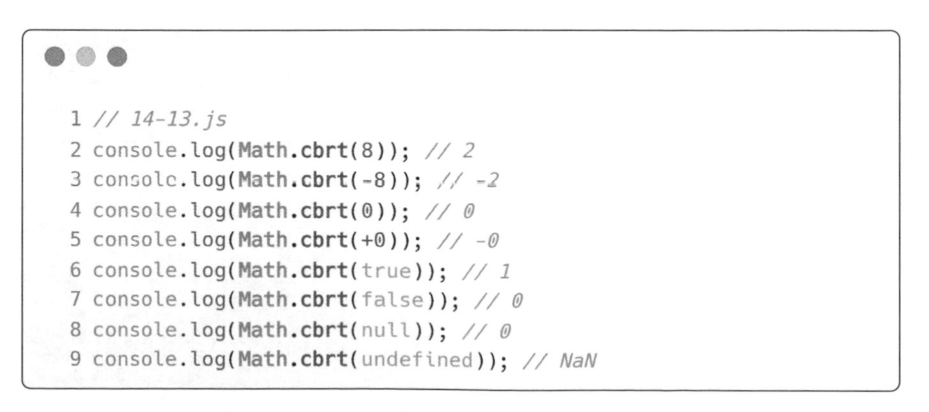

```
1 // 14-13.js
2 console.log(Math.cbrt(8)); // 2
3 console.log(Math.cbrt(-8)); // -2
4 console.log(Math.cbrt(0)); // 0
5 console.log(Math.cbrt(+0)); // -0
6 console.log(Math.cbrt(true)); // 1
7 console.log(Math.cbrt(false)); // 0
8 console.log(Math.cbrt(null)); // 0
9 console.log(Math.cbrt(undefined)); // NaN
```

Note

PART 4 資料集合

集合是指集結多筆資料，形成一種特殊的資料結構。在 JavaScript 中，不同類型的集合，會有對應的標準內建物件來擴充屬性和方法，方便對特定的資料結構進行操作和存取。

DAY

15 陣列（Array）

簡介

陣列是物件型別的標準內建物件，也是負責存取多個元素與操作集合的資料型態之一。陣列基本的概念有以下兩點－

- 元素的排列是有順序性的，每個元素都會有一個叫做「索引」的數值。初始位置的索引會由 0 開始，透過這個索引就能存取對應的元素。
- 有些索引對應的元素可能不會有資料存在，這種元素也叫做空元素（empty）。因此陣列的長度並不一定能代表資料筆數。

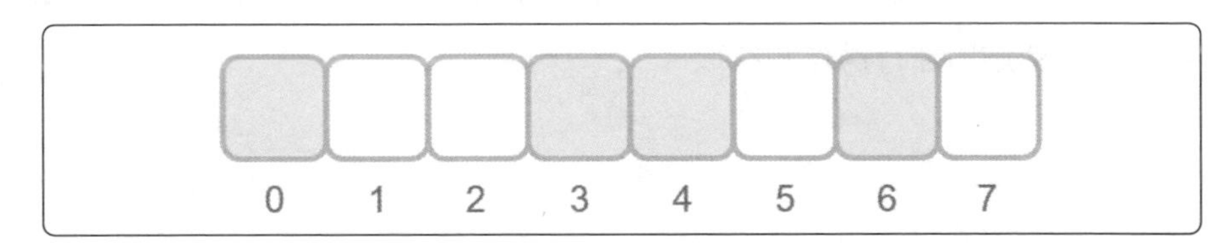

圖 15-1　陣列元素與索引示意圖

陣列透過中括號（[ ]）依序包覆所有的元素，並且以逗號（,）分隔元素。如果要取得特定索引的元素，在陣列名稱後直接加上中括號（[ ]）包覆索引即可。

陣列通常拿來存取一連串相似的資料，但沒有型態上的限制，任何型別的資料都可以當作元素存入。

如果元素都是基本型別的話，結構相對單純、平坦，稱為一維陣列；如果有元素是物件型別的話，結構上至少有兩個層次以上甚至更多，稱為多維（巢狀）陣列。

建立方式

陣列字面值

也被稱為陣列宣告式（Array Declaration），是實務中最常使用的方式。如果沒有預設要傳入的元素，直接宣告成空陣列也可以。

```
1 // 15-1.js
2 let array1 = [1, 2, 3];
3 let array2 = [{}, { name: 'Yuri' }, { Name: 'Joe' }];
4 let array3 = []; // 空陣列
```

new Array（*length*）/ new Array（*element1*，...，*elementN*）

執行標準內建物件 `Array` 中的建構函式，可以傳入預設的陣列長度，或是一至多個元素。如果都不傳的話，則建立空陣列。相關重點統整如表 15-1、15-2 所示。

表 15-1　new Array 方法－參數說明

名稱	必要性	型別	預設值	說明
length	否	number	undefined	初始的陣列長度
elementN	否	任意型別	undefined	初始存入的元素

表 15-2　new Array 方法－基本特性

ECMAScript	ES5	方法類型	建構函式
修改對象的值	是（初始值）	回傳型別	Array

```
1 // 15-2.js
2 let array1 = new Array(3); // [empty × 3]
3 let array2 = new Array(1, 2, 3); // [1, 2, 3]
4 let array3 = new Array(); // []
```

Array.of（*element1*，...，*elementN*）

跟 `new Array` 的作用很類似，差異是如果只傳入一個正整數時，`new Array` 會視為是設定陣列長度，而 `Array.of` 會一律視為是元素。相關重點統整如表 15-3、15-4 所示。

表 15-3　Array.of 方法－參數說明

名稱	必要性	型別	預設值	說明
element1...N	否	任意型別	undefined	初始存入的元素

表 15-4　Array.of 方法－基本特性

ECMAScript	ES2015	方法類型	靜態
修改對象的值	是（初始值）	回傳型別	Array

```
1 // 15-3.js
2 let array1 = Array.of(3); // [3]
3 let array2 = Array.of(1, 2, 3); // [1, 2, 3]
4 let array3 = Array.of(); // []
```

重要屬性

length

和字串一樣，透過這個屬性可以取得陣列的長度。相關重點統整如表 15-5 所示。

表 15-5　length 屬性－基本特性

ECMAScript	ES5	屬性層級	實體
唯讀屬性	否	屬性型態	number

和字串的 `length` 屬性不一樣的是，陣列的 `length` 屬性是可寫入的，所以可以透過修改它來改變陣列長度。如果原本的陣列長度小於修改後的長度，那麼會在後面補上空元素；反過來的話，則會擷取陣列到指定長度。

```
1 // 15-4.js
2 let myArray = [1, 2, 3];
3 console.log(myArray.length); // 3
4
5 myArray.length = 5;
6 console.log(myArray); // [1, 2, 3, empty × 2]
7
8 myArray.length = 2;
9 console.log(myArray); // [1, 2]
```

查詢與篩選

indexOf（*searchValue*，*fromIndex*）

取得第一個元素和 *searchValue* 完全相等的索引。相關重點統整如表 15-6、15-7 所示。

表 15-6　indexOf 方法－參數說明

名稱	必要性	型別	預設值	說明
searchValue	是	任意型別	無	用來檢查符合元素的值
fromIndex	否	number	0	開始搜尋的索引值

表 15-7　indexOf 方法－基本特性

ECMAScript	ES5	方法類型	實體
修改對象的值	否	回傳型別	number

第二個參數 *fromIndex* 為選擇性，預設值為 0，可指定從哪個索引開始找尋，不過回傳的索引值還是會以陣列的一開頭算起的位置。如果沒有找到的話，將回傳 -1。

```
1 // 15-5.js
2 const man = { name: 'Joe' };
3 const array = ['Yuri', { name: 'Alex' }, man];
4
5 console.log(array.indexOf('Yuri')); // 0
6 console.log(array.indexOf({ name: 'Alex' })); // -1
7 console.log(array.indexOf(man, 1)); // 2
```

includes（*target*，*position*）

透過檢查與 *target* 的嚴格相等性，查詢陣列中是否含有符合的元素。相關重點統整如表 15-8、15-9 所示。

表 15-8　includes 方法－參數說明

名稱	必要性	型別	預設值	說明
target	是	任意型別	無	用來檢查符合元素的值
position	否	number	0	指定開始搜尋的索引值

表 15-9　includes 方法－基本特性

ECMAScript	ES2016	方法類型	實體
修改對象的值	否	回傳型別	boolean

ES5 以前，實務中常用的語法是以 `indexOf` 嘗試取得符合元素的索引，接著以條件判斷的表達式來判斷。但是在 ES2015 以後，只需使用 `includes` 就能取代以往還要額外判斷索引的動作，寫法上更加優雅。

除此之外，`includes` 還有新增 *position* 參數，可以指定要從字串中的哪個位置開始搜尋，也擴充了需要特殊處理的情境。

延續上個範例程式－

```
1 // 15-6.js
2 console.log(array.includes('Yuri')); // true
3 console.log(array.includes({ name: 'Alex' })); // false
4 console.log(array.includes(man, 1)); // true
```

every（*executor*，*thisValue*）

透過查詢函式回傳的結果，檢查每個元素是否符合查詢條件，如果都有通過的話回傳 `true`，否則回傳 `false`。相關重點統整如表 15-10、15-11 所示。

表 15-10　every 方法－參數說明

名稱	必要性	型別	預設值	說明
executor	是	Function	無	執行查詢的邏輯
thisValue	否	Object	undefined	指定 executor 的 this 對象

表 15-11　every 方法－基本特性

ECMAScript	ES5	方法類型	實體
修改對象的值	否	回傳型別	boolean

```
1 // 15-7.js
2 const dividedBy2 = (value) => value % 2 === 0;
3 const dividedBy3 = (value) => value % 3 === 0;
4
5 const numbers = [3, 12, 24, 72];
6
7 console.log(numbers.every(dividedBy2)); // false
8 console.log(numbers.every(dividedBy3)); // true
```

some（*executor*，*thisValue*）

跟 `every` 方法很像，不過回傳 `true` 的條件是，只要至少一個通過查詢的邏輯就可以。全部都沒通過的話才會回傳 `false`。相關重點統整如表 5-12、5-13 所示。

表 15-12　some 方法－參數說明

名稱	必要性	型別	預設值	說明
executor	是	Function	無	執行查詢的邏輯
thisValue	否	Object	undefined	指定 executor 的 this 對象

表 15-13　some 方法－基本特性

ECMAScript	ES5	方法類型	實體
修改對象的值	否	回傳型別	boolean

延續上個範例程式－

```
1 // 15-8.js
2 console.log(numbers.some(dividedBy2)); // true
3 console.log(numbers.some(dividedBy3)); // true
```

find（*executor*，*thisValue*）

透過查詢函式回傳的結果，回傳第一個符合查詢條件的元素。都沒有的話，則回傳 `undefined`。相關重點統整如表 5-14、5-15 所示。

表 15-14　find 方法－參數說明

名稱	必要性	型別	預設值	說明
executor	是	Function	無	執行查詢的邏輯
thisValue	否	Object	undefined	指定 executor 的 this 對象

表 15-15　find 方法－基本特性

ECMAScript	ES2015	方法類型	實體
修改對象的值	否	回傳型別	任意型別或 undefined

```
1 // 15-9.js
2 const inventories = [
3     { name: 'apples', quantity: 2 },
4     { name: 'bananas', quantity: 3 },
5     { name: 'cherries', quantity: 5 },
6     { name: 'tomatoes', quantity: 3 },
7 ];
8
9 function isMidQuantity(fruit) {
10     return fruit.quantity === 3;
11 }
12
13 console.log(inventories.find(isMidQuantity));
14 // { name: 'bananas', quantity: 3 }
```

findIndex（*executor*，*thisValue*）

跟 `find` 方法很像，不過回傳的是對應的索引值。相關重點統整如表 5-16、5-17 所示。

表 15-16 findIndex 方法－參數說明

名稱	必要性	型別	預設值	說明
executor	是	Function	無	執行查詢的邏輯
thisValue	否	Object	undefined	指定 executor 的 this 對象

表 15-17 findIndex 方法－基本特性

ECMAScript	ES2015	方法類型	實體
修改對象的值	否	回傳型別	number

延續上個範例程式－

```
1 // 15-10.js
2 console.log(inventories.findIndex(isMidQuantity)); // 1
```

filter（*executor*，*thisValue*）

透過篩選函式回傳的結果，取得所有符合篩選條件的元素，並且存入到一個新的陣列中回傳。都沒有的話回傳空陣列。相關重點統整如表 5-18、5-19 所示。

表 15-18 filter 方法－參數說明

名稱	必要性	型別	預設值	說明
executor	是	Function	無	執行篩選的邏輯
thisValue	否	Object	undefined	指定 executor 的 this 對象

表 15-19 filter 方法－基本特性

ECMAScript	ES5	方法類型	實體
修改對象的值	否	回傳型別	Array

```
1 // 15-11.js
2 const hireCondition = (candidate) =>
3     candidate.seniority > 2 && candidate.englishNative;
4
5 const candidates = [
6     { name: 'Yuri', seniority: 6, englishNative: false },
7     { name: 'Zoe', seniority: 1, englishNative: false },
8     { name: 'Joe', seniority: 3, englishNative: true },
9 ];
10
11 console.log(candidates.filter(hireCondition));
12 // [{ name: 'Joe', seniority: 3, englishNative: true }]
```

變更與分割

pop()

回傳陣列中最後一個元素，同時把這個元素從陣列中移除。如果最後一個是空元素，或是對象陣列已經是空陣列的話，則會回傳 `undefined`。相關重點統整如表 15-20 所示。

表 15-20　pop 方法－基本特性

ECMAScript	ES5	方法類型	實體
修改對象的值	是	回傳型別	任意型別

```
1 // 15-12.js
2 const array1 = [0, 1, 2, 3];
3 const array2 = new Array(3);
4
5 console.log(array1.pop(), array1); // 3 [0, 1, 2];
6 console.log(array2.pop(), array2); // undefined [empty × 2]
```

push（*element1*，...，*elementN*）

可一次傳入多個元素，並將這些元素存入陣列中的尾端，最後回傳結果陣列的長度，也就是 `length` 屬性值。相關重點統整如表 5-21、5-22 所示。

表 15-21　push 方法－參數說明

名稱	必要性	型別	預設值	說明
element1...N	否	任意型別	無	要存入陣列的元素

表 15-22　push 方法－基本特性

ECMAScript	ES5	方法類型	實體
修改對象的值	是	回傳型別	number

```
1 // 15-13.js
2 const array = ['Yuri'];
3
4 console.log(array.push('Joe'), array); // 2 ['Yuri', 'Joe']
5 console.log(array.push('Bob', undefined), array);
6 // 4 ['Yuri', 'Joe', 'Bob', undefined]
```

shift()

回傳陣列中第一個元素，同時把這個元素從陣列中移除。如果第一個是空元素，或是對象陣列已經是空陣列的話，則會回傳 `undefined`。相關重點統整如表 15-23 所示。

表 15-23　shift 方法－基本特性

ECMAScript	ES5	方法類型	實體
修改對象的值	是	回傳型別	任意型別

```
1 // 15-14.js
2 const array1 = [0, 1, 2, 3];
3 const array2 = new Array(3);
4
5 console.log(array1.shift(), array1); // 3 [1, 2, 3];
6 console.log(array2.shift(), array2); // undefined [empty × 2]
```

unshift（*element1*，...，*elementN*）

可一次傳入多個元素，並將這些元素存入陣列中的最前面，最後回傳結果陣列的長度，也就是 `length` 屬性值。相關重點統整如表 15-24、15-25 所示。

表 15-24　unshift 方法－參數說明

名稱	必要性	型別	預設值	說明
element1...N	否	任意型別	無	要存入陣列的元素

表 15-25　unshift 方法－基本特性

ECMAScript	ES5	方法類型	實體
修改對象的值	是	回傳型別	number

```
1 // 15-15.js
2 const array = ['Yuri'];
3
4 console.log(array.unshift('Joe'), array); // 2 ['Joe', 'Yuri']
5 console.log(array.unshift('Bob', undefined), array);
6 // 4 ['Bob', undefined, 'Joe', 'Yuri']
```

slice（*startIndex*，*endIndex*）

取得從起始索引 *startIndex* 之後的元素，並回傳擷取過後的新陣列。相關重點統整如表 15-26、15-27 所示。

表 15-26　slice 方法－參數說明

名稱	必要性	型別	預設值	說明
startIndex	是	number	無	起始的索引位置
endIndex	否	number	無	結束擷取的索引位置

表 15-27　slice 方法－基本特性

ECMAScript	ES5	方法類型	實體
修改對象的值	否	回傳型別	Array

第二個參數 *endIndex* 為選擇性，表示結束擷取的索引位置，但不包含本身所指的元素。如果 *endIndex* 為負數的話，則是從陣列後面第一個算起。

```
1 // 15-16.js
2 const numbers = [0, 1, 2, 3, 4, 5];
3
4 console.log(numbers.slice(1)); // [1, 2, 3, 4, 5 ]
5 console.log(numbers.slice(1, 4)); // [1, 2, 3]
6 console.log(numbers.slice(1, -1)); // [1, 2, 3, 4]
```

splice（*index*，*count*，*element1*，...，*elementN*）

可同時對陣列刪除和新增元素，並回傳所有被刪除的元素，以陣列的形式回傳。相關重點統整如表 15-28、15-29 所示。

表 15-28 splice 方法－參數說明

名稱	必要性	型別	預設值	說明
index	是	number	無	作用的索引位置
count	否	number	無	要刪除的元素數量
element1...N	否	任意型別	無	要存入陣列的元素

表 15-29 splice 方法－基本特性

ECMAScript	ES5	方法類型	實體
修改對象的值	是	回傳型別	Array

count 參數表示從 *index* 參數對應的位置，往後移除數量為 *count* 的元素。如果沒傳入 *count* 參數的話，則會將 *index* 參數對應的位置，往後移除全部的元素。

如果有傳入要新增的元素，也會從 *index* 參數對應的位置依序插入。

```
1 // 15-17.js
2 const candidates = ['Yuri', 'Zoe', 'Joe', 'May', 'Bob'];
3
4 console.log(candidates.splice(3, 2), candidates);
5 // ['May', 'Bob'] ['Yuri', 'Zoe', 'Joe']
6 console.log(candidates.splice(2), candidates);
7 // ['Joe'] ['Yuri', 'Zoe']
8 console.log(candidates.splice(1, 1, 'Ann', 'Tim'), candidates);
9 // ['Zoe'] ['Yuri', 'Ann', 'Tim']
```

fill（*element*，*startIndex*，*endIndex*）

以傳入的 *element* 參數，取代陣列中指定範圍或是所有的元素。相關重點統整如表 15-30、15-31 所示。

表 15-30 fill 方法－參數說明

名稱	必要性	型別	預設值	說明
element	是	任意型別	無	用來填入的元素
startIndex	否	number	0	開始填入的索引
endIndex	否	number	陣列長度	結束填入的索引

表 15-31 fill 方法－基本特性

ECMAScript	ES2015	方法類型	實體
修改對象的值	否	回傳型別	Array

延續上個範例程式－

```
1 // 15-18.js
2 console.log(candidates.fill('Ann'));
3 // ['Ann', 'Ann', 'Ann', 'Ann', 'Ann']
4 const nameObject = { name: 'Yuri' };
5 console.log(candidates.fill(nameObject, 1, 3));
6 // ['Ann', {name: 'Yuri'}, {name: 'Yuri'}, 'Ann', 'Ann']
7 console.log(candidates.fill('Tim', 2));
8 // ['Ann', {name: 'Yuri'}, 'Tim', 'Tim', 'Tim']
```

reverse()

將陣列裡的元素反轉排列後，回傳修改後的陣列。相關重點統整如表 15-32 所示。

表 15-32 reverse 方法－基本特性

ECMAScript	ES5	方法類型	實體
修改對象的值	是	回傳型別	Array

延續上個範例程式－

```
1 // 15-19.js
2 console.log(candidates.reverse());
3 // 'Bob', 'May', 'Joe', 'Zoe', 'Yuri']
```

合併元素或陣列

join（*separator*）

將陣列中所有的元素合併成一個字串，並且以 *separator* 參數來分隔元素。如果是傳入的是空字串，那麼元素們會直接相接在一起。相關重點統整如表 15-33、15-34 所示。

表 15-33　join 方法－參數說明

名稱	必要性	型別	預設值	說明
separator	否	string	逗號（,）	隔開元素的字串

表 15-34　join 方法－基本特性

ECMAScript	ES5	方法類型	實體
修改對象的值	否	回傳型別	string

需要注意的是，如果元素是物件型別，那麼轉出來的字串會變成 `[object Object]`。

```
1 // 15-20.js
2 const candidates1 = ['Yuri', 'Zoe', 'Bob'];
3 console.log(candidates1.join('|')); // Yuri|Zoe|Bob
4 console.log(candidates1.join('')); // YuriZoeBob
5 console.log(candidates1.join()); // Yuri,Zoe,Bob
6
7 const person = { name: 'Yuri' };
8 const candidates2 = [person, { name: 'Zoe' }];
9 console.log(candidates2.join());
10 // [object Object],[object Object]
```

concat（*array1*，...，*arrayN*）

將多個陣列與呼叫 `concat` 方法的陣列合併，並回傳一個新的陣列。相關重點統整如表 15-35、15-36 所示。

表 15-35 concat 方法－參數說明

名稱	必要性	型別	預設值	說明
array1...N	否	Array	無	要合併的陣列

表 15-36 concat 方法－基本特性

ECMAScript	ES5	方法類型	實體
修改對象的值	否	回傳型別	Array

以下有幾點需要注意－

- 如果傳入的參數中不是陣列，那麼會自動轉換成一維的陣列再合併。
- 如果傳入的陣列中，有元素是物件型別的參考，那麼當修改這個物件元素時，合併後的陣列內容也會跟著變動。

```
1 // 15-21.js
2 const candidates1 = ['Joe', 'May'];
3 const candidates2 = ['Bob', 'Ann'];
4 const person = { name: 'Yuri' };
5
6 const allCandidates = person.concat(candidate, candidates2);
7 // ['Joe', 'May', {name: 'Yuri'}, 'Bob', 'Ann']
8
9 candidate.name = 'Hsiu Hui Tsai';
10 console.log(allCandidates);
11 // ['Joe', 'May', {name: 'Hsiu Hui Tsai'}, 'Bob', 'Ann']
```

展開運算子

跟 `concat` 方法的用途一樣，可以合併多個陣列，並回傳一個新陣列。寫法是用陣列字面值指派的方式，依序傳入陣列的名稱，並在名稱前面加上展開運算子。表達上比起 `concat` 方法更加簡潔。

延續上個範例程式－

```
1 // 15-22.js
2 const allCandidates = [...candidates1, ...candidates2];
3 // ['Joe', 'May', 'Bob', 'Ann']
```

迭代與遍歷

map（*executor*，*thisValue*）

從第一個元素遍歷到最後一個，*executor* 中會傳入當前元素取得執行結果，最後將所有結果依序放在新的陣列中回傳。相關重點統整如表 15-37、15-38 所示。

表 15-37　map 方法－參數說明

名稱	必要性	型別	預設值	說明
executor	是	Function	無	見下方說明
thisValue	否	Object	undefined	指定 executor 的 this 對象

表 15-38　map 方法－基本特性

ECMAScript	ES5	方法類型	實體
修改對象的值	否	回傳型別	Array

executor 的類型是函式，依序接收到三個參數－

- 目前正要執行的元素
- 目前正要執行的元素索引
- 呼叫 `map` 方法的陣列，也就是原陣列

```
1 // 15-23.js
2 const candidates = [
3     { name: 'Ann', seniority: 8, englishNative: false },
4     { name: 'Bob', seniority: 5, englishNative: false },
5     { name: 'Joe', seniority: 7, englishNative: true },
6 ];
7
8 const scores = candidates.map((person, index) =>
  person.seniority * 10 + (person.englishNative ? -10 : 10));
9 console.log(scores); // [90, 60, 60]
```

reduce（*executor*，*initialValue*）

從第一個元素遍歷到最後一個，*executor* 中會傳入上次累進的結果和當前元素，並取得這次累進的結果，直到最後一個元素執行完畢，回傳累進的結果。相關重點統整如表 15-39、15-40 所示。

表 15-39　reduce 方法－參數說明

名稱	必要性	型別	預設值	說明
executor	是	Function	無	見下方說明
initialValue	否	任意型別	undefined	見下方說明

表 15-40　reduce 方法－基本特性

ECMAScript	ES5	方法類型	實體
修改對象的值	否	回傳型別	任意型別

`executor` 是函式，依序接收到四個參數－

- 上一次遍歷時，累進後的結果值
- 目前正要執行的元素
- 目前正要執行的元素索引
- 呼叫 `reduce` 方法的陣列，也就是原陣列

initialValue 可以設定初始值。第一次執行 *executor* 時，*initialValue* 會作為函式中的第一個參數傳入。沒有 *initialValue* 的話，會取陣列中的第一個元素作為初始值，並直接從第二個元素開始執行 *executor*。

需要注意的是，*executor* 中最後需要回傳累進的結果，否則會出現錯誤提示。

```
1 // 15-24.js
2 const dividedBy2 = (value) => value % 2 === 0;
3 const dividedBy3 = (value) => value % 3 === 0;
4
5 const numbers = [3, 12, 24, 72];
6
7 const result = numbers.reduce((prevValue, currentValue) => {
8     if (dividedBy2(currentValue)) {
9         prevValue.dividedBy2 = prevValue.dividedBy2 + 1;
10    }
11    if (dividedBy3(currentValue)) {
12        prevValue.dividedBy3 = prevValue.dividedBy3 + 1;
13    }
14    return prevValue; // 如果沒回傳，會出現 TypeError
15 },{ dividedBy2: 0, dividedBy3: 0 });
16 // {dividedBy2: 3, dividedBy3: 4}
```

keys()

依序對陣列中的每個元素取得索引，並以陣列的迭代器物件回傳結果。相關重點統整如表 15-41 所示。

表 15-41　keys 方法－基本特性

ECMAScript	ES2015	方法類型	實體
修改對象的值	否	回傳型別	Array 迭代器

values()

依序對陣列中的每個元素取值，並以陣列的迭代器物件回傳結果。相關重點統整如表 15-42 所示。

表 15-42　values 方法－基本特性

ECMAScript	ES2015	方法類型	實體
修改對象的值	否	回傳型別	Array 迭代器

entries()

依序對陣列中的每個元素，產生索引和元素值的陣列（`[index，element`），並以陣列的迭代器物件回傳結果。相關重點統整如表 15-43 所示。

表 15-43　entries 方法－基本特性

ECMAScript	ES2015	方法類型	實體
修改對象的值	否	回傳型別	Array 迭代器

```
1 // 15-25.js
2 const alphabets = ['a', 'b', 'c'];
3
4 const keyIterator = alphabets.keys();
5 const valIterator = alphabets.values();
6 const entIterator = alphabets.entries();
7
8 let entriesString = '', keysString = '', valuesString = '';
9
10 for (let e of entIterator) {
11     entriesString = `${entriesString}|${e}`;
12 } // |0,a|1,b|2,c
13 for (let k of keyIterator) {
14     keysString = `${keysString}|${k}`;
15 } // |0|1|2
16 for (let v of valIterator) {
17     valuesString = `${valuesString}|${v}`;
18 } // |a|b|c
```

forEach（*executor*，*thisValue*）

對陣列中的每個元素傳入 *executor* 中執行，並且不會有任何回傳。相關重點統整如表 15-44、15-45 所示。

表 15-44 forEach 方法－參數說明

名稱	必要性	型別	預設值	說明
executor	是	Function	無	見下方說明
thisValue	否	Object	undefined	指定 executor 的 this 對象

表 15-45 forEach 方法－基本特性

ECMAScript	ES5	方法類型	實體
修改對象的值	否	回傳型別	undefined

executor 是函式，依序接收到三個參數－

- 目前執行的元素
- 目前執行的元素索引
- 呼叫 `reduce` 方法的陣列，也就是原陣列

需要注意的是，如果是空元素的話，就會忽略執行，直接跳到下一個元素。

```
1 // 15-26.js
2 const candidates = ['Yuri', , 'Joe', 'May'];
3
4 candidates.forEach((name, index) =>
  console.log(`${name}-${index}`));
5 // Yuri-0
6 // Joe-2
7 // May-3
```

for (const *element* of *iterable*) { ... }

陣列是可迭代的的資料集合，所以可以使用 `for of` 依序遍歷所有的元素值。跟 `forEach` 方法的機制和用途類似，不過 `for of` 並不會跳過空元素。

如果需要取得索引的話，可以和 `entries` 方法搭配使用。

延續上個範例程式－

```
1 // 15-27.js
2 for (const name of candidates) {
3     console.log(name);
4 }
5 // Yuri
6 //undefined
7 // Joe
8 // May
9
10 for (const [index, name] of candidates.entries()) {
11     console.log(`${index}-${name}`);
12 }
13 // 0-Yuri
14 // 1-undefined
15 // 2-Joe
16 // 3-May
```

for ... in

`for in` 主要是遍歷陣列中的可列舉屬性。陣列也是物件的一種，所以可以把索引也想是可列舉屬性的一種。不過需要注意的是，如果對陣列新增其他不是索引的屬性，那麼也會被遍歷到，因此通常這種方式比較不推薦使用。

延續上個範例程式－

```
1 // 15-28.js
2 candidates.interviewer = 'Bob';
3
4 for (const key in candidates) {
5     console.log(`面試者: ${candidates[key]}`);
6 }
7
8 // 面試者: Yuri
9 // 面試者: Zoe
10 // 面試者: May
11 // 面試者: Bob => wrong!
```

陣列的降維

flat (*depth*)

對多維陣列依照 *depth* 參數傳入的數字，往外攤平對應層數的子陣列。相關重點統整如表 15-46 至 15-48 所示。

表 15-46　flat 方法－參數說明

名稱	必要性	型別	預設值	說明
depth	否	number	1	見下方說明

表 15-47　flat 方法－基本特性

ECMAScript	ES2019	方法類型	實體
修改對象的值	否	回傳型別	Array

表 15-48　flat 方法－運作環境支援度

Chrome	Edge	Firefox	Safari	Node.js
v69 以上	v79 以上	v62 以上	v12 以上	v11.0.0 以上

```
1 // 15-29.js
2 const array = [0, 1, [2, 3, [4]]];
3
4 console.log(array.flat()); // [0, 1, 2, 3, [4]]
5 console.log(array.flat(2)); // [0, 1, 2, 3, 4]
```

flatMap（*executor*，*thisValue*）

把名稱分解來看的話，會發現它是由兩種方法組成－ `map` 方法和上方提到的 `flat` 方法。它的作用就如同名稱一樣，會先對陣列裡的元素遍歷執行後，再把結果陣列往外攤平一層。相關重點統整如表 15-49 至 15-51 所示。

表 15-49　flatMap 方法－參數說明

名稱	必要性	型別	預設值	說明
executor	是	Function	無	見下方說明
thisValue	否	Object	undefined	指定 executor 的 this 對象

表 15-50　flatMap 方法－基本特性

ECMAScript	ES2019	方法類型	實體
修改對象的值	否	回傳型別	Array

表 15-51　flatMap 方法－運作環境支援度

Chrome	Edge	Firefox	Safari	Node.js
v69 以上	v79 以上	v62 以上	v12 以上	v11.0.0 以上

executor 的類型是函式，依序接收到三個參數－

- 目前執行的元素
- 目前執行的元素索引
- 呼叫 `flatMap` 方法的陣列，也就是原陣列

需要注意的是，如果元素間有不一樣的資料型態，或者有子陣列的情形的話，在遍歷執行的過程中很容易會產生 `undefined`、`NaN` 等結果。

```
1 // 15-30.js
2 const candidates = ['Yuri', 'May', 'Bob'];
3 console.log(candidates.flatMap((name, index) => [person,
  `${name}-${index}`]));
4 // ['Yuri', 'Yuri-0', 'May', 'May-1', 'Bob', 'Bob-2'];
5
6 const array = [0, 1, [2, 3, [4]]];
7 console.log(array.flatMap((number) => number[0]));
8 // [undefined, undefined, 2]
9 console.log(array.flatMap((number) => number * 2));
10 // [0, 2, NaN]
```

陣列的解構賦值

解構賦值是 ES2015 的新特性，只需要一行表達式，就可以把陣列中的元素個別指派到不同變數，方便後續的存取。寫法上是將等號左邊的變數，依序地排列在陣列中，等號右邊則是目標陣列。

```
1 // 15-31.js
2 const [name1, name2, name3] = ['Yuri', 'Zoe', 'Bob'];
3 console.log(name1, name2, name3); // Yuri Zoe Bob
```

如果只需要陣列的前面幾個，之後的元素集中到一個變數的話，可以搭配其餘運算子的使用。

```
1 // 15-32.js
2 const [name1, name2, ...otherNames] = ['Yuri', 'Zoe', 'Bob',
  'Sam', 'Ann', 'Joe'];
3 console.log(name1, name2, otherNames);
4 // Yuri Zoe ['Bob', 'Sam', 'Ann', 'Joe']
```

類陣列（array-like）

在最後要介紹一個特別的資料型態，叫做類陣列，顧名思義就是跟陣列很類似的集合。它跟陣列一樣具有以下特性－

- 具有 `length` 屬性，可以取得總長度。
- 具有索引，可以取得對應的元素。
- 可以使用 `for` 迴圈遍歷元素。

常見的類陣列有以下－

- 函式的內建物件，負責存放參數的 `arguments`。
- 瀏覽器中，以 `document.getElementsBy` 開頭的方法取得的所有 DOM（HTMLCollection）。
- 瀏覽器中，以 `document.querySelector` 開頭的方法取得的所有節點（NodeList）。

不過它終究不是陣列，所以無法使用相關的內建方法。可以想像一下類陣列基本的結構會長這樣－

```
1 // 15-33.js
2 const arrayLikeObject = {
3     0: 'ECMAScript關鍵30天',
4     1: 'IoT沒那麼難！新手用JavaScript入門做自己的玩具！',
5     2: 'JavaScript概念三明治：基礎觀念、語法原理一次帶走！',
6     3: '0 陷阱！0 誤解！8 天重新認識 JavaScript！',
7     length: 4,
8 };
```

如果要對這種資料型態進行操作的話，只能透過事前的轉換，讓類陣列成為陣列型別，才可以使用陣列的方法。

Array.prototype.slice.call（*target*）

在複製與合併的小節，已經有介紹到 `slice` 的用法了。在這裡直接呼叫陣列原型方法－ `slice`，並透過 `call` 方法，把類陣列作為 `this` 的對象傳入。這樣的方式就能回傳一個轉換過的新陣列。更多有關 `call` 方法的說明，可以前往 Day 06 看更完整的解說。

```
1 // 15-34.js
2 // 透過 document.querySelectorAll 取得有name屬性的 meta 節點類陣列
3 const allMetasArrayLike =
  document.querySelectorAll('meta[name]');
4 const allMetasArray =
  Array.prototype.slice.call(allMetasArrayLike);
5 allMetasArray.forEach((node) => console.log(node.name));
6 // description
7 // viewport
```

Array.from（*target*，*mapFn*，*thisValue*）

傳入想要轉成陣列的對象，並回傳轉換後的陣列。相關重點統整如表 15-52 至 15-53 所示。

表 15-52　Array.from 方法－參數說明

名稱	必要性	型別	預設值	說明
target	是	array-like | iterable	無	要轉成陣列的對象
mapFn	否	Function	undefined	見下方說明
thisValue	否	Object	undefined	見下方說明

表 15-53　Array.from 方法－基本特性

ECMAScript	ES2015	方法類型	靜態
修改對象的值	否	回傳型別	Array

對象的類型除了是這次提到的類陣列以外，可迭代的物件也能進行轉換。更多有關可迭代的物件的說明，可以前往 Day 28 看更完整的解說。

第二個參數可以選擇性地傳入 `map` 方法來遍歷元素；第三個參數則是可以指定 `map` 方法的 `this` 對象。

```
1 // 15-35.js
2 function getDoubleValues(numbers) {
3     // 透過 arguments 取得參數的類陣列
4     return Array.from(arguments, (number) => number * 2);
5 }
6
7 console.log(getDoubleValues(2, 5, 8)); //  [4, 10, 16]
```

展開運算子

在合併元素或陣列的小節，有介紹到展開運算子的應用了。針對類陣列與可迭代的物件的轉換，它一樣可以派上用場，而且比起前面兩種方式，語法上更為精簡。

```
1 // 15-36.js
2 // 透過 document.getElementsByTagName 取得所有 div 元素的類陣列
3 const allDivsArrayLike = document.getElementsByTagName('div');
4 const allDivsArray = [...allDivsArrayLike];
5 allDivsArray.forEach((element) => (element.style.border = '1px
  solid #666'));
```

DAY

16 Set 與 WeakSet

Set 簡介

`Set` 是 ES2015 推出的標準內建物件，負責存取與操作集合的資料型態之一。

`Set` 跟陣列有點像，共通點是集合中的資料都是有順序性的。不過 `Set` 獨特的地方是，使用 `Set` 宣告的資料變數，裡面的值都會是**唯一**的。

如果對數學中的 `Set` 不陌生的話，就會發現這兩者的概念是一致的。當有值被存入時，`Set` 內部會先執行**嚴格相等**（`===`）來判斷是否已經存在，如果有的話就會忽略這次的存入，保證不會有重複值的出現。

WeakSet 簡介

在認識 `WeakSet` 之前，先來了解在 JavaScript 中，「**Weak（弱）**」的概念是什麼。

Day 04 中有提到，建立物件型別的變數時，記憶體會先配置空間給這份資料，變數本身則是以「參考」的形式指到資料。因此只要這份資料有被一個以上的變數參考，就會留存在記憶體中。這樣的機制稱為「**強參考（Strong Reference）**」。

相反地，就算這份資料有被參考到，但是在程式操作後仍然可以被清理，釋放出記憶體空間，這種參考機制則稱為「**弱參考（Weak Reference）**」。

回到 `WeakSet`，它跟 `Set` 幾乎一樣，都是存取與操作集合的資料型態，並且不會有重複值的出現。主要的差異是－

- 只接受**物件型別**的資料型態作為元素值。
- 元素會以弱參考的方式參考到資料本身。因此當資料在記憶體中被回收時，對應的元素參考也會跟著被移除。

為什麼需要多一個這樣的機制呢？

舉個常見的情況，有個變數是儲存頁面上的某些 DOM 元素參考，在頁面更新後把特定的 DOM 移除了。根據強參考的特性，變數中還是會保留被移除的 DOM 的參考。對於記憶體來說，等於是造成使用上的浪費。

因此，如果要存取像 DOM 元素這種之後有可能會被移除的資料時，就可以使用 `WeakSet` 來儲存，對於記憶體管理上會比較理想。

不過由於弱參考的特性，功能上比較受限，並無法使用所有的方法，也缺少一些屬性，在後面的語法介紹會再說明更多。最後，來對這兩種集合做個比較，如表 16-1 所示。

表 16-1　Set 與 WeakSet 的特性比較

特性	Set	WeakSet
元素值的資料型態	任何型別皆可	僅能物件型別
參考到資料的機制	強參考	弱參考
遍歷與迭代元素	是	否
取得元素的個數	是	否
清空所有元素	是	否
新增、移除、檢查元素	是	

Set 的建立方式

`Set` 是物件型別，目前只能透過 `Set` 內建物件的建構函式來建立實體。

new Set（*iterable*）

執行標準內建物件 `Set` 中的建構函式，可以選擇性地傳入可迭代的物件，讓變數在建立後就有預設的元素。相關重點統整如表 16-2、16-3 所示。

表 16-2　new Set 方法－參數說明

名稱	必要性	型別	預設值	說明
iterable	否	可迭代的物件	null	見下方説明

表 16-3　new Set 方法－基本特性

ECMAScript	ES2015	方法類型	建構函式
修改對象的值	是（初始值）	回傳型別	Set

關於資料集合的部分，具有以下兩個特性－

- 必須是**可迭代的**，最常使用的是陣列或類陣列。有關可迭代的更多說明，可以參考 Day 28。
- 集合中的元素可以是任意型別。

```
1 // 16-1.js
2 let set1 = new Set(); // Set {}
3 let set2 = new Set([123, { name: 'Ann' }]); // Set {123, {…}}
4 let set3 = new Set('abc'); // Set {"a", "b", "c"}
5 let set4 = new Set(123); // error: number 123 is not iterable..
```

需要注意的是變數 *set3*。由於字串也是可迭代的，如果只傳入一個字串，那麼在建立時會是以一個字元為一個元素被存進去。所以如果希望傳入的字串是作為一個元素存入的話，則需要先加入陣列中，再把這個陣列傳入。

另外變數 *set4*，在建立時傳入的資料為數字。數字並不是可迭代的，因此就會出現錯誤提示。

WeakSet 的建立方式

`WeakSet` 是物件型別，目前只能透過 `WeakSet` 內建物件的建構函式來建立實體。

new WeakSet（*iterable*）

跟 `Set` 一樣，可以傳入資料集合作為預設的元素。不過最大的差別是，資料集合中的所有元素，不能含有基本型別，否則會出現錯誤提示。相關重點統整如表 16-4、16-5 所示。

表 16-4　new WeakSet 方法－參數說明

名稱	必要性	型別	預設值	說明
iterable	否	可迭代的物件	null	見下方說明

表 16-5　new WeakSet 方法－基本特性

ECMAScript	ES2015	方法類型	建構函式
修改對象的值	是（初始值）	回傳型別	WeakSet

```
1 // 16-2.js
2 let person = { name: 'Joe' };
3
4 let weakSet1 = new WeakSet(); // WeakSet {}
5 let weakSet2 = new WeakSet([123, person]);
6 // error: Invalid value used in weak set
7 let weakSet3 = new WeakSet([{ name: 'Bob' }, { name: 'May' },
  person, person]);
8 // WeakSet {{name: 'Joe'}}
```

需要注意的是變數 *weakSet3*。建立時傳入了兩個一樣的物件字面值，以及傳入了兩個一樣的物件變數 *person*。如果初始集合中含有物件字面值，那麼這些字面值會從集合中剔除。再來，兩個 *person* 都參考到同一份資料，對於 `WeakSet` 來說會被視為同一個，所以第二個 *person* 會被移除。

重要屬性

size

如果想知道 `Set` 實體的元素個數的話，可以使用 `size` 屬性來取得。在建立時，傳入的初始集合有重複值的話，就會以移除重複值之後的個數來計算。相關重點統整如表 16-6 所示。

表 16-6　size 屬性－基本特性

ECMAScript	ES2015	屬性層級	實體
唯讀屬性	是	屬性型態	number

另外 `WeakSet` 由於是以弱參考的形式來儲存元素，無法進行元素個數的計算。因此 `size` 屬性一律會回傳 `undefined`。

```
1 // 16-3.js
2 const set1 = new Set();
3 const set2 = new Set([1, 2, 2, 3, 3, 3]);
4 console.log(set1.size); // 0
5 console.log(set2.size); // 3
6
7 const weakSet = new WeakSet();
8 console.log(weakSet.size); // undefined
```

操作元素

目前 `Set` 和 `WeakSet` 有提拱以下幾種操作實體方法來管理。需要注意的是，資料型態為 `WeakSet` 的實體無法使用 `clear` 方法。

add（*element*）

在實體的後面新增加入的元素。相關重點統整如表 16-7、16-8 所示。

表 16-7　add 方法－參數說明

名稱	必要性	型別	預設值	說明
element	是	任意型別（WeakSet 需物件型別）	無	要加入的元素

表 16-8　add 方法－基本特性

ECMAScript	ES2015	方法類型	實體
修改對象的值	是	回傳型別	Set

關於傳入的元素要注意以下－

- 資料型態為 `WeakSet` 的實體只能加入物件型別的元素。
- 如果加入的資料型態是字面值的物件型別，無論裡面有沒有一樣的元素，都會被視為新的元素加入。
- 如果加入的元素是基本型別，或是物件型別的參考，一律都會先檢查有無重複，沒有的話才加入。

```
1 // 16-4.js
2 let person = { name: 'Joe' };
3
4 const set = new Set(), weakSet = new WeakSet();
5 set.add(1);
6 set.add(person);
7 set.add({ name: 'Joe' }); // {1, {name: 'Joe'}, {name: 'Joe'}}
8
9 weakSet.add(person);
10 weakSet.add({ name: 'Joe' }); // {{name: 'Joe'}, {name: 'Joe'}}
```

另外，執行後的結果會回傳實體本身，所以可以連續地加入不同的元素。

```
1 // 16-5.js
2 let set = new Set();
3 set.add(1).add(1).add(2).add(3); // Set(3) {1, 2, 3}
```

delete（*element*）

在實體中移除指定的元素，成功的話回傳 `true`，否則會回 `false`。如果要移除物件型別的元素，必須傳入該元素的參考，而不是字面值。相關重點統整如表 16-9、16-10 所示。

表 16-9　delete 方法－參數說明

名稱	必要性	型別	預設值	說明
element	是	任意型別（WeakSet 需物件型別）	無	要移除的元素

表 16-10　delete 方法－基本特性

ECMAScript	ES2015	方法類型	實體
修改對象的值	是	回傳型別	boolean

```
1 // 16-6.js
2 let person = { name: 'Joe' };
3 let set = new Set([1, 2, 3, person, { id: 001 }]);
4
5 console.log(set.delete(1)); // true
6 console.log(set.delete(5)); // false
7 console.log(set.delete({ id: 001 })); // false
8 console.log(set.delete(person)); // true
```

has (*element*)

檢查傳入的元素是否存在於實體中，有的話回傳 `true`，否則回傳 `false`。如果要檢查物件型別的元素時，必須傳入該元素的參考，而不是字面值。相關重點統整如表 16-11、16-12 所示。

表 16-11　has 方法－參數說明

名稱	必要性	型別	預設值	說明
element	是	任意型別（WeakSet 需物件型別）	無	要檢查的元素

表 16-12　has 方法－基本特性

ECMAScript	ES2015	方法類型	實體
修改對象的值	否	回傳型別	boolean

```
1 // 16-7.js
2 let person = { name: 'Joe' };
3 let set = new Set([1, person, { id: 001 }, [5, 6], null]);
4
5 console.log(set.has(1)); // true
6 console.log(set.has(person)); // true
7 console.log(set.has({ id: 001 })); // false
8 console.log(set.has([5, 6])); // false
9 console.log(set.has(null)); // true
```

clear()

清空 `Set` 實體中的所有元素，執行完畢後以回傳 `undefined` 結束。相關重點統整如表 16-13 所示。

表 16-13 clear 方法－基本特性

ECMAScript	ES2015	方法類型	實體
修改對象的值	是	回傳型別	undefined

```
1 // 16-8.js
2 set.clear();
3 console.log(set); // Set {}
```

Set 的迭代與遍歷

`Set` 是資料集合的一種，需要依序對每個元素做些事情，或是一次取得所有元素的相關資訊時，就會需要可遍歷和迭代元素的語法來操作資料。

目前大多提供的是實體方法。另外還有一個 `for of` 迴圈，是以可迭代的資料型態作為對象，進行迴圈的流程控制語法。

keys() ／ values()

`Set` 為了與其他類似的內建物件（例如 Day 17 提到的 `Map`）一致規格，在這兩種方法都有實作，只不過運作方式都相同，先依序取得所有的元素值，並以 `Set` 的迭代器物件回傳結果。相關重點統整如表 16-14 所示。

表 16-14 keys ／ values 方法－基本特性

ECMAScript	ES2015	方法類型	實體
修改對象的值	否	回傳型別	Set 迭代器

```
1 // 16-9.js
2 let set = new Set([{ name: 'Joe' }, { name: 'May' }]);
3
4 const keys = set.keys();
5 const values = set.values();
6 // 以上結果都是 SetIterator {{ name: 'Joe' }, { name: 'May' }}
```

entries()

依序對 `Set` 實體的每個元素，產生鍵跟值都是元素本身的陣列（`[element，element]`），並以 `Set` 的迭代器物件回傳結果。相關重點統整如表 16-15 所示。

表 16-15　entries 方法－基本特性

ECMAScript	ES2015	方法類型	實體
修改對象的值	否	回傳型別	Set 迭代器

這個方法也是為了與其他類似的內建物件一致規格才實作。由於 `Set` 沒有鍵的機制，因此原本產生鍵的地方，則改以元素本身取代。

延續上個範例程式－

```
1 // 16-10.js
2 const entries = set.entries();
3 /* SetIterator {
4     { name: 'Joe' } => { name: 'Joe' },
5     { name: 'May' } => { name: 'May' },
6 } */
```

forEach（*callback*，*thisValue*）

可以依序遍歷 `Set` 實體中的所有元素，並且執行相同的處理邏輯。相關重點統整如表 16-16、16-17 所示。

表 16-16　forEach 方法－參數說明

名稱	必要性	型別	預設值	說明
callback	是	Function	無	遍歷元素的執行邏輯
thisValue	否	Object	undefined	傳入 callback 的 this 對象

表 16-17　forEach 方法－基本特性

ECMAScript	ES2015	方法類型	實體
修改對象的值	否	回傳型別	undefined

第一個參數傳入函式，包裝處理邏輯的實作細節。函式會依序接收三個參數－

- *value*：元素的值，即元素本身。
- *key*：元素的鍵。在 `Set` 中的元素不會有鍵，所以一樣是指元素本身。
- *set*：`Set` 實體。

第二個參數選擇性地傳入任一物件，作為處理邏輯的函式中，指向的 `this` 對象。

延續上個範例程式－

```
1 // 16-11.js
2 const anotherThis = { name: 'anotherThis' };
3
4 function callback(value, key, set) {
5     console.log(value, this);
6 }
7
8 set.forEach(callback);
9 // { name: 'Joe' } Window {…}
10 // { name: 'May' } Window {…}
11
12 set.forEach(callback, anotherThis);
13 // { name: 'Joe' } {name:'anotherThis'}
14 // { name: 'May' } {name:'anotherThis'}
```

for (let *element* of *iterable*) { ... }

`Set` 實體是可迭代的資料集合，所以可以使用 `for of` 依序遍歷所有的元素，跟 `forEach` 方法的機制和用途是一樣的。

延續上個範例程式－

```
1 // 16-12.js
2 for (let element of set) {
3     console.log(element, element.name);
4 }
5 // {name: "Joe"} "Joe"
6 // {name: "May"} "May"
```

DAY

17 Map 與 WeakMap

Map 簡介

`Map` 是 ES2015 推出的標準內建物件，負責存取與操作集合的資料型態之一。

`Map` 跟物件很像，共通點是以鍵值對的結構存取集合中的元素。不過 `Map` 還有兩個主要的特性，讓它跟物件產生明顯的差異－

- 在物件中，鍵的類型只能是 `string` 或是 `symbol`。不過在 `Map` 中，鍵的類型可以是任何的資料型態，完全沒有限制。
- 遍歷所有元素時，物件中沒有順序性的概念。但是在 `Map` 中，會依照元素寫入的順序來執行。

另外，由於 `Map` 跟 Day 16 提到的 `Set` 都是在 ES2015 中推出，而且都是屬於資料集合，因此會有許多相似的規格和機制。以下整理出這兩種標準內建物件簡單的比較，如表 17-1 所示。

表 17-1　Map 與 Set 的比較

	Map	Set
相似的資料型態	物件	陣列
元素是否具有鍵	有	無
元素是有順序性的	是	

WeakMap 簡介

Day 16 中有提到 `WeakSet` 的機制與用途。同樣地，`Map` 也有對應的標準內建物件－ `WeakMap`。不過跟 `WeakSet` 不同的是，元素值可以是任意的資料型態，弱參考的機制會是做在鍵的類型上，只能接受**物件型別**的資料型態。

最後，對 `Map` 和 `WeakMap` 做個統整比較，如表 17-2 所示。

表 17-2　Map 與 WeakMap 的比較

特性	Map	WeakMap
元素值的資料型態	任何型別皆可	
元素鍵的資料型態	任何型別皆可	僅能物件型別
元素鍵的參考機制	強參考	弱參考
遍歷與迭代元素	是	否
取得元素的個數	是	否
清空所有元素	是	否
存取、移除、檢查元素	是	

Map 的建立方式

`Map` 是物件型別，目前只能透過 `Map` 內建物件的建構函式來建立實體。

new Map（*iterable*）

執行標準內建物件 `Map` 中的建構函式，可以選擇性地傳入可迭代的物件，讓變數在建立後就有一些預設的元素。相關重點統整如表 17-3、17-4 所示。

表 17-3 new Map 方法－參數說明

名稱	必要性	型別	預設值	說明
iterable	否	可迭代的物件	null	見下方說明

表 17-4 new Map 方法－基本特性

ECMAScript	ES2015	方法類型	建構函式
修改對象的值	是（初始值）	回傳型別	Map

關於資料集合的部分，具有以下兩個特性－

- 必須是**可迭代的**，最常使用的是陣列或類陣列。有關可迭代的更多說明，可以參考 Day 28。
- 集合中的元素必須是鍵值對陣列（`[key，value]`）。如果初始的資料集合是物件，可以先使用 `Object.entries` 方法取得可列舉屬性的鍵值對陣列。

```
1 // 17-1.js
2 const person = { name: 'Yuri', age: 20 };
3
4 const map1 = new Map(); // Map {}
5 const map2 = new Map([1, 2, 3]);
6 // error: Iterator value 1 is not an entry object
7 const map3 = new Map(person); // error: object is not iterable
8 const map4 = new Map([{ a: 1 }, { b: 2 }]);
9 // Map {undefined => undefined}
10 const map5 = new Map(Object.entries({ a: 1, b: 2 }));
11 // Map {"a" => 1, "b" => 2}
```

WeakMap 的建立方式

`WeakSet` 是物件型別，目前只能透過 `WeakSet` 內建物件的建構函式來建立實體。

new WeakMap（*iterable*）

跟 `Map` 一樣，可以傳入資料集合作為預設的元素。不過最大的差別是，資料集合中的所有元素，鍵的類型都必須是物件型別，否則會出現錯誤提示。相關重點統整如表 17-5、17-6 所示。

表 17-5　new WeakMap 方法－參數說明

名稱	必要性	型別	預設值	說明
iterable	否	可迭代的物件	null	見下方說明

表 17-6　new WeakMap 方法－基本特性

ECMAScript	ES2015	方法類型	建構函式
修改對象的值	是（初始值）	回傳型別	WeakMap

```
1 // 17-2.js
2 const weakMap1 = new WeakMap(); // WeakMap {}
3
4 const person1 = { name: 'Yuri' }, person2 = { name: 'Joe' };
5 const weakMap2 = new WeakMap([
6     [person1, { order: 1 }],
7     [person2, { order: 2 }],
8 ]); // WeakMap  {{name: 'Yuri'} => {order: 1}, {name: 'Joe'} =>
  {order: 2}}
9
10 const weakMap3 = new WeakMap(Object.entries({ a: 1, b: 2 }));
11 // error: Invalid value used as weak map key
```

重要屬性

size

如果想知道 `Map` 實體的元素個數的話，可以使用 `size` 屬性來取得。相關重點統整如表 17-7 所示。

表 17-7 size 屬性－基本特性

ECMAScript	ES2015	屬性層級	實體
唯讀屬性	是	屬性型態	number

```
1 // 17-3.js
2 const map1 = new Map();
3 const map2 = new Map(Object.entries({ a: 1, b: 2 }));
4 console.log(map1.size); // 0
5 console.log(map2.size); // 2
6
7 const weakMap = new WeakMap();
8 console.log(weakMap.size); // undefined
```

操作元素

`Map` 和 `WeakMap` 有提拱以下幾種操作實體方法來管理。需要注意的是，資料型態為 `WeakMap` 的實體無法使用 `clear` 方法。

set（*key*，*value*）

在實體的後面新增加入的元素（鍵值對）。相關重點統整如表 17-8、17-9 所示。

表 17-8　set 方法－參數說明

名稱	必要性	型別	預設值	說明
key	是	任意型別（WeakMap 需物件型別）	無	元素的鍵
value	是	任意型別	無	元素的值

表 17-9　set 方法－基本特性

ECMAScript	ES2015	方法類型	實體
修改對象的值	是	回傳型別	Map

關於傳入的元素要注意以下幾點－

- 資料型態為 `WeakMap` 的實體，鍵的類型只能是物件型別。
- 資料型態為 `Map` 的實體，鍵的類型可以是任何型別。
- 如果鍵的類型是字面值的物件型別，會一律被視為新的元素加入。
- 如果鍵的類型是基本型別，或是物件型別的參考，一律都會先檢查有無重複，沒有的話才加入。

執行後的結果會回傳實體本身，所以可以連續地加入不同的元素。

```
1 // 17-4.js
2 const person = { name: 'Yuri' };
3 const map = new Map();
4
5 map.set('Hi!我是字串', 'string-1')
6     .set('Hi!我是字串', 'string-2')
7     .set(person, 'person-1')
8     .set(person, 'person-2')
9     .set({ name: 'Joe' }, 'Joe-1')
10    .set({ name: 'Joe' }, 'Joe-2');
11 // Map {"Hi String" => "string-2", {name: 'Yuri'} => "person-
   2", {name: 'Joe'} => "Joe-1", {name: 'Joe'} => "Joe-2"}
```

get（*key*）

以鍵取得實體中的對應的值。如果沒有的話，則會回傳 `undefined`。如果鍵的類型是字面值的物件型別，會被視為新的鍵，一律回傳 `undefined`。相關重點統整如表 17-10、17-11 所示。

表 17-10　get 方法－參數說明

名稱	必要性	型別	預設值	說明
key	是	任意型別（WeakMap 需物件型別）	無	元素的鍵

表 17-11　get 方法－基本特性

ECMAScript	ES2015	方法類型	實體
修改對象的值	否	回傳型別	任意型別

```
 1 // 17-5.js
 2 let map = new Map();
 3 map.set('Hi!我是字串', 'string-1');
 4 map.get('Hi!我是字串!'); // string-1
 5 map.get(123); // undefined
 6
 7 const person = { name: 'Ann' };
 8 let weakMap = new WeakMap();
 9 weakMap.set(person, 'person1').set({ name: 'Ann' }, 'person2');
10 weakMap.get(person); // person1
11 weakMap.get({ name: 'Ann' }); // undefined
```

has（*key*）

檢查傳入的鍵是否存在於實體中，有的話回傳 `true`，否則回傳 `false`。相關重點統整如表 17-12、17-13 所示。

表 17-12　has 方法－參數說明

名稱	必要性	型別	預設值	說明
key	是	任意型別（WeakMap 需物件型別）	無	元素的鍵

表 17-13　has 方法－基本特性

ECMAScript	ES2015	方法類型	實體
修改對象的值	否	回傳型別	boolean

```
1 // 17-6.js
2 const person = { name: 'Ann' };
3 let map = new Map();
4 map.set(person, 'person1').set({ name: 'Ann' }, 'person2');
5 map.has(person); // true
6 map.has({ name: 'Ann' }); // false
```

delete（*key*）

傳入鍵來移除實體中指定的元素，成功的話回傳 `true`，否則會回 `false`。相關重點統整如表 17-14、17-15 所示。

表 17-14　delete 方法－參數說明

名稱	必要性	型別	預設值	說明
key	是	任意型別（WeakMap 需物件型別）	無	元素的鍵

表 17-15　delete 方法－基本特性

ECMAScript	ES2015	方法類型	實體
修改對象的值	是	回傳型別	boolean

延續上個範例程式－

```
1 // 17-7.js
2 map.delete(person); // true
3 map.delete({ name: 'Ann' }); // false
```

clear()

清空 Map 實體中的所有元素，執行完畢後以回傳 undefined 結束。相關重點統整如表 17-16 所示。

表 17-16　clear 方法－基本特性

ECMAScript	ES2015	方法類型	實體
修改對象的值	是	回傳型別	undefined

```
1 // 17-8.js
2 map.clear();
3 console.log(map); // Map {}
```

Map 的迭代與遍歷

Map 可以用的遍歷與迭代語法，基本上跟 Set 一樣。不過 Map 實體中的元素有鍵的機制。因此有些可以取得鍵的方法，回傳的結果會跟 Set 有些差異。

keys()

依序取得所有元素的鍵，並以 `Map` 的迭代器物件回傳結果。相關重點統整如表 17-17 所示。

表 17-17　keys 方法－基本特性

ECMAScript	ES2015	方法類型	實體
修改對象的值	否	回傳型別	Map 迭代器

values()

依序取得所有元素的值，並以 `Map` 的迭代器物件回傳結果。相關重點統整如表 17-18 所示。

表 17-18　values 方法－基本特性

ECMAScript	ES2015	方法類型	實體
修改對象的值	否	回傳型別	Map 迭代器

entries()

依序對 `Map` 實體的每個元素，產生鍵值對的陣列（`[key，value]`），並以 `Map` 的迭代器物件回傳結果。相關重點統整如表 17-19 所示。

表 17-19　entries 方法－基本特性

ECMAScript	ES2015	方法類型	實體
修改對象的值	否	回傳型別	Map 迭代器

```
1 // 17-9.js
2 const map = new Map([
3     ['a', 1],
4     ['b', 2],
5 ]);
6 const keys = map.keys(); // MapIterator {"a", "b"}
7 const values = map.values(); // MapIterator {1, 2}
8 const entries = map.entries();
9 // MapIterator {"a" => 1, "b" => 2}
```

forEach（*callback*，*thisValue*）

依序遍歷 `Map` 實體中的所有元素，並且執行相同的處理邏輯。相關重點統整如表 17-20、17-21 所示。

表 17-20　forEach 方法－參數說明

名稱	必要性	型別	預設值	說明
callback	是	Function	無	遍歷元素的執行邏輯
thisValue	否	Object	undefined	傳入 callback 的 this 對象

表 17-21　forEach 方法－基本特性

ECMAScript	ES2015	方法類型	實體
修改對象的值	否	回傳型別	undefined

第一個參數傳入函式，包裝處理邏輯的實作細節。函式會依序接收三個參數－

- *value*：元素的值。
- *key*：元素的鍵。
- *map*：`Map` 實體。

thisValue 參數跟 `Set` 的 `forEach` 方法的特性一致，可以參考 Day 16 的相關說明。

延續上個範例程式－

```
1 // 17-10.js
2 map.forEach((value, key, map) => console.log(value, key, map));
3 // 1 "a" Map(2) {"a" => 1, "b" => 2}
4 // 2 "b" Map(2) {"a" => 1, "b" => 2}
```

for (let *element* of *iterable*) { ... }

`Map` 實體是可迭代的的資料集合，所以可以使用 `for of` 依序遍歷所有的元素，跟 `forEach` 方法的機制和用途是一樣的。

延續上個範例程式－

```
1 // 17-11.js
2 for (let v of map) {
3     console.log(v);
4 }
5 // ["a", 1]
6 // ["b", 2]
```

Note

PART

5 其他標準內建物件

本篇會介紹到在 ES2015 後釋出，實務上開發可能較少接觸，或是比較進階的語法。雖然不一定要把所有內容做為必備的學習知識，但是藉由這些語法的認識，可以更加瞭解 JavaScript 的運作機制，以及會被作為標準推出的動機。

DAY

18 類別（Class）

簡介

從 Day 07 介紹到的原型，可以知道 JavaScript 在物件的生成上，是基於以原型為基礎（prototype-based）的物件導向設計。要透過原型的鏈結建立物件的話，起手式大致是這樣－

- 新增一個建構函式，定義物件該有的成員。
- 擴充建構函式的 `prototype` 屬性，放入要提供給物件使用的成員。
- 建立物件時，使用 `new` 運算子呼叫建構函式後，回傳產生的實體物件。

雖然可以清楚 JavaScript 的物件產生方式，不過以函式建立物件的角度來看，和大多是以類別為基礎（class-based）的物件導向語言來比，是比較特立獨行的。

因此，ES2015 時正式推出了 `Class` 的標準內建物件，寫法上和傳統的類別相似。不過需要注意的是，背後的機制仍然是原型。所以 JavaScript 中的 `Class`，只能說是一種語法糖[1]。

建立方式

建立類別主要有幾個語法結構需要注意－

- `class` 關鍵字：宣告成類別，後面加上類別名稱與程式區塊。
- `constructor` 方法：相當於建構函式，將傳入的參數進行初始化和設定物件的屬性。

---

1 語法糖（Syntactic sugar）是描述在程式語言中，那些並非為功能面的影響，而是為了增加開發者的便利性，以及帶來簡潔與高可讀性的內建語法。

■ 要放入原型鏈的方法：在類別的區塊中建立，以方法名稱後加 `(){}` 新增實作。

建立物件的方式跟使用建構函式一樣，使用 `new` 運算子，後面再加上類別名稱，以及在括號中加入要設定的參數即可。

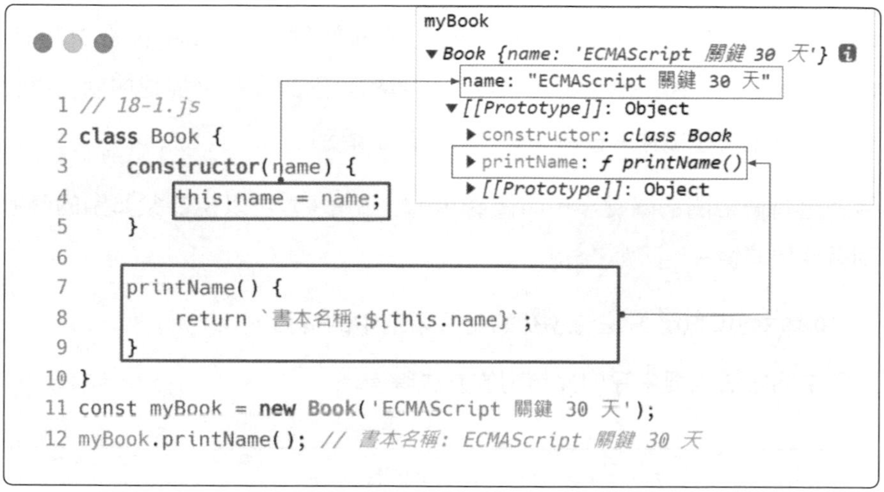

```
1 // 18-1.js
2 class Book {
3     constructor(name) {
4         this.name = name;
5     }
6
7     printName() {
8         return `書本名稱:${this.name}`;
9     }
10 }
11 const myBook = new Book('ECMAScript 關鍵 30 天');
12 myBook.printName(); // 書本名稱: ECMAScript 關鍵 30 天
```

```
myBook
▼Book {name: 'ECMAScript 關鍵 30 天'}
  name: "ECMAScript 關鍵 30 天"
  ▼[[Prototype]]: Object
    ▶constructor: class Book
    ▶printName: ƒ printName()
    ▶[[Prototype]]: Object
```

圖 18-1　Class 的語法結構與物件成員對照

上面範例程式，如果以 ES5 的方式來寫的話－

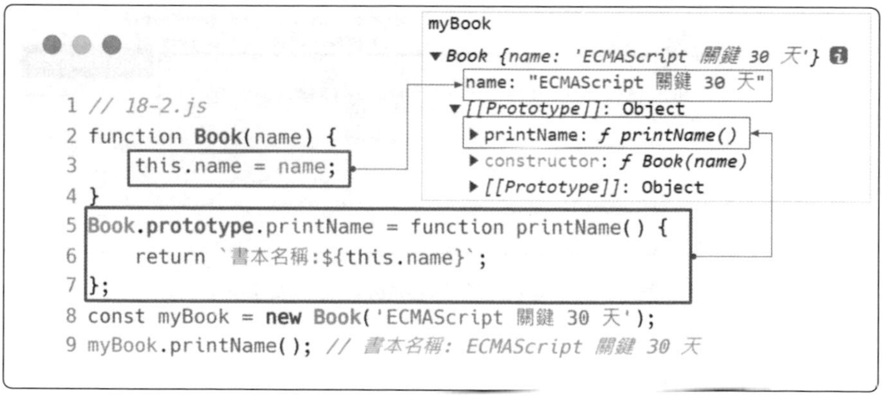

```
1 // 18-2.js
2 function Book(name) {
3     this.name = name;
4 }
5 Book.prototype.printName = function printName() {
6     return `書本名稱:${this.name}`;
7 };
8 const myBook = new Book('ECMAScript 關鍵 30 天');
9 myBook.printName(); // 書本名稱: ECMAScript 關鍵 30 天
```

```
myBook
▼Book {name: 'ECMAScript 關鍵 30 天'}
  name: "ECMAScript 關鍵 30 天"
  ▼[[Prototype]]: Object
    ▶printName: ƒ printName()
    ▶constructor: ƒ Book(name)
    ▶[[Prototype]]: Object
```

圖 18-2　建構函式的語法結構與物件成員對照

繼承與原型鏈

類別中有個關鍵字－ `extends`，是實現類別間「繼承」的方式。在 JavaScript 中的繼承，指的就是原型的鏈結。

只要 A 類別透過 `extends` 繼承了 B 類別，就可以把 A 的原型指向 B 的 `prototype` 屬性，達到原型鏈的串接。以傳統類別的術語來描述的話，原型鏈的上下層關係會是父子關係。B 為父類別，A 為子類別。

另外還有個相關的關鍵字，叫做 `super`。`super` 可以視為父類別的參考，主要有兩個使用時機－

- 在 `constructor` 方法時，初始化父類別中的成員。
- 類別中的方法需要中呼叫父類別的方法時。

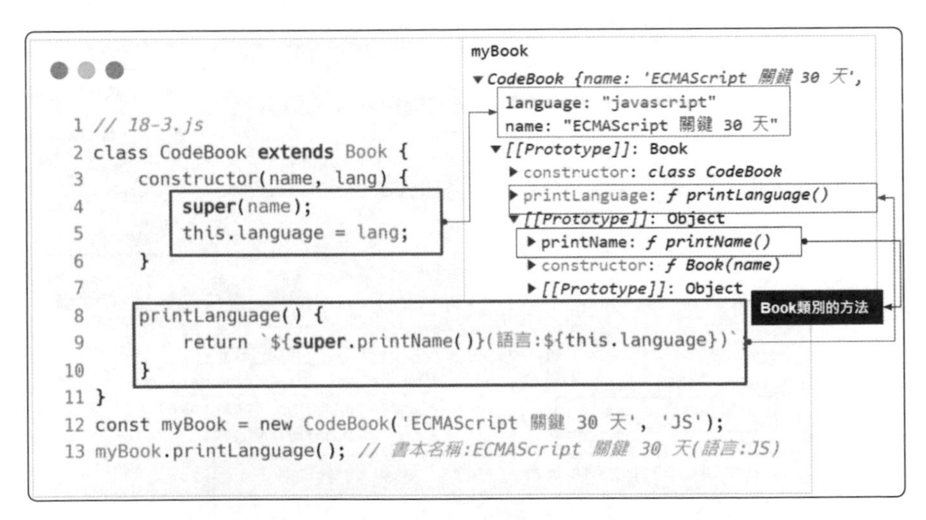

圖 18-3　繼承的語法結構與物件成員對照

靜態方法

就像我們內建物件看到的有些方法，是不用新增實體就能呼叫，例如 `Object.defineProperty` 方法。這樣的方法就叫做靜態方法，通常是定義跟類別相關的工具函式。在類別中如果宣告的方法是靜態方法的話，可以在方法前面加 `static` 關鍵字。

```
1 // 18-4.js
2 class Book {
3     // ...
4     static printInfo() {
5         console.log('這是 Book 類別');
6     }
7 }
8
9 Book.printInfo(); // 這是 Book 類別
```

存取私有屬性

如果需要定義私有屬性的話，在名稱的命名習慣上會在前面加上底線（`_`），告訴開發者這是私有屬性，盡量不要直接存取。不過在 ES2022 即將推出私有屬性的標準，更多有關私有屬性的說明，可以前往 Day 30 看更完整的解說。

如果還是需要有方法提供私有屬性的存取，我們可以透過設定輸出（getter）與輸入（setter）方法來完成。方式很簡單，只要在方法前面加上關鍵字－ `set` 或 `get` 即可。

呼叫 Setter 方法時，直接以等號指派值即可。另外當類別只有 Setter 時，表示這個私有屬性僅能設值，而無法取值。

```
1 // 18-5.js
2 class Book {
3     // ...
4     set serialNo(number) {
5         this._serialNo = `編號:${number}`;
6     }
7
8     get serialNo() {
9         return this._serialNo;
10    }
11 }
12
13 const myBook = new Book('ECMAScript 關鍵 30 天');
14 myBook.serialNo = 6732;
15 console.log(myBook.serialNo); // 編號:6732
```

繼承（Inheritance）v.s. 組合（Composition）

繼承與組合都是合併多個對象（類別、介面、函式等），來產生全新對象的設計模式。舉個例子來比較差異，假設要建立球類運動的類別－

- 繼承：
  1. 建立 *Ball* 類別，定義共同的屬性和方法，像是人數、贏球條件等。
  2. 接著建立 *Volleyball* 類別（子類別）來繼承 Ball 類別（父類別）。如此一來 *Volleyball* 類別就不用額外定義繼承過來的屬性和方法，只需覆寫實作的細節。
- 組合：
  1. 把所有的屬性和方法拆分成獨立的對象。
  2. 拿人數、贏球機制、架網方式等來組合，透過不同的參數傳入，產出 *Volleyball* 類別。

DAY

19 辨識符（symbol／Symbol）

簡介

現實生活中，每個人的身分證字號都是獨一無二的。程式語言中，使用唯一值來描述變數、物件、函式等透過程式碼產生的實體，就叫做「辨識符」。在不同的程式語言中，有各自的定義方式和名稱，並且支援程度和應用範圍也不盡相同。

`symbol` 就是為了實現辨識符這種機制，在 ES2015 推出的全新標準，讓每個宣告為 `symbol` 型別的變數，指派的值都能保證獨一無二、可辨識的。另外，它雖然是基本型別，不過具有對應的標準內建物件－ `Symbol` 來擴充屬性和方法。

`symbol` 可以運用在一些開發場景中，像是定義物件的屬性名稱、宣告常數等，來提升開發上的彈性，以及讓程式碼看起來更加優雅。

建立方式

Symbol（*description*）

常用的方式是以全域方法建立 `symbol` 的純值，可選擇性地傳入描述文字。類型為基本型別－ `symbol`。相關重點統整如表 19-1、19-2 所示。

表 19-1　Symbol 方法－參數說明

名稱	必要性	型別	預設值	說明
description	否	string	無	關於 symbol 本身的描述

表 19-2　Symbol 方法－基本特性

ECMAScript	ES2015	方法類型	全域
修改對象的值	是（初始值）	回傳型別	symbol

每個宣告的 symbol 變數都會是獨一無二的，就算是兩個 symbol 變數宣告時，傳入的描述完全相同，這兩個變數也會被視為不同。

```
1 // 19-1.js
2 const symbol1 = Symbol('ECMASript YA!');
3 const symbol2 = Symbol('ECMASript YA!');
4 console.log(symbol1 === symbol2); // false
```

Object（*symbol*）

建立 Symbol 物件，以 Object() 包覆已經是 symbol 型別的資料。

```
1 // 19-2.js
2 const symbolObject = Object(Symbol());
3 console.log('symbolObject: ', symbolObject);
4 // symbolObject:  Symbol {Symbol()}
```

重要屬性

description

建立 symbol 時，可以選擇性地傳入一個字串參數，形容有關 symbol 的「描述（description）」。如果要從 symbol 本身取得描述值，只能透過這個屬性取得。相關重點統整如表 19-3、19-4 所示。

表 19-3　description 屬性－基本特性

ECMAScript	ES2019	屬性層級	實體
唯讀屬性	是	屬性型態	string

表 19-4　description 屬性－運作環境支援度

Chrome	Edge	Firefox	Safari	Node.js
v70 以上	v79 以上	v63 以上	v12.1 以上	v11.0.0 以上

由於宣告 `symbol` 時不一定要輸入描述，如果沒有描述的話，這個屬性值會是 `undefined`。

```
1 // 19-3.js
2 console.log(Symbol('symbol描述').description); // "symbol描述"
3 console.log(Symbol('').description); // ""
4 console.log(Symbol().description); // undefined
```

重要方法

目前已經釋出了 10 多個相關方法，不過考量到使用門檻以及普遍性，比較少用的語法並不會在本書詳細介紹。有興趣的讀者可以再查相關的技術文件。

Symbol.for（*key*）

需要宣告多個 `symbol` 變數都是相同值的話，可以使用 `Symbol.for` 方法做到這點。*key* 參數不僅是作為描述值，也是代表 `symbol` 變數的鍵。相關重點統整如表 19-5、19-6 所示。

表 19-5　Symbol.for 方法－參數說明

名稱	必要性	型別	預設值	說明
key	是	string	無	見下方說明

表 19-6　Symbol.for 方法－基本特性

ECMAScript	ES2015	方法類型	靜態
修改對象的值	是（初始值）	回傳型別	symbol

第一個 `symbol` 變數以特定的 *key* 建立後，後續的 `symbol` 變數在宣告時，會先以 *key* 進行全域的查詢，如果存在相同 *key* 的 `symbol` 變數，就會把值指向這個變數。

要注意的是，第一個宣告的 `symbol` 變數必須也是以 `Symbol.for` 方法宣告，才有辦法與其它描述相同的 `symbol` 變數完全相等。

```
1 // 19-4.js
2 const symbol1 = Symbol('ECMASript YA!');
3 const symbol2 = Symbol.for('ECMASript YA!');
4 const symbol3 = Symbol.for('ECMASript YA!');
5
6 console.log(symbol1 === symbol2); // false
7 console.log(symbol2 === symbol3); // true
```

Symbol.keyFor（*symbol*）

取得 `symbol` 變數的鍵。相關重點統整如表 19-7、19-8 所示。

表 19-7　Symbol.keyFor 方法－參數說明

名稱	必要性	型別	預設值	說明
symbol	是	symbol	無	symbol 型別的變數

表 19-8 Symbol.keyFor 方法－基本特性

ECMAScript	ES2015	方法類型	靜態
修改對象的值	否	回傳型別	string

如果是以 `Symbol()` 建立的變數，就算有傳入描述值，也不能代表鍵名，因此結果會是 `undefined`；如果是以 `Symbol.for` 方法建立的變數，則回傳宣告時傳入的參數值。

延續上個範例程式－

```
1 // 19-5.js
2 console.log(Symbol.keyFor(symbol1)); // undefined
3 console.log(Symbol.keyFor(symbol2)); // ECMASript YA!
```

Object.getOwnPropertySymbols（*target*）

`symbol` 雖然可以做為物件的屬性名稱，但是卻無法作為可被列舉的屬性。所以像是－ `Object.keys()`、`for ... in`、`JSON.stringify()` 等操作可列舉屬性的方法，並不會將 `symbol` 型態的屬性名稱列入操作的範圍。

如果需要操作這類的屬性，並且列舉出來，可以使用這個靜態方法來取得所有屬性名稱是 `symbol` 型別的屬性。相關重點統整如表 19-9、19-10 所示。

表 19-9 Object.getOwnPropertySymbols 方法－參數說明

名稱	必要性	型別	預設值	說明
target	是	Object	無	物件對象

表 19-10　Object.getOwnPropertySymbols 方法－基本特性

ECMAScript	ES2015	方法類型	靜態
修改對象的值	否	回傳型別	Array

```
1 // 19-6.js
2 const bookData = {
3     name: 'ECMAScript 關鍵 30 天',
4     author: 'Yuri',
5     [Symbol('type')]: '程式語言',
6     [Symbol.for('publisher')]: '博碩',
7 };
8
9 for (let propName in bookData) {
10     console.log(`${propName}: ${bookData[propName]}`);
11 }
12 // name: ECMAScript 關鍵 30 天
13 // author: Yuri
14
15 const symbolProps = Object.getOwnPropertySymbols(bookData);
16 symbolProps.forEach((propName) =>
17     console.log(`${propName.description}:
${bookData[propName]}`)
18 );
19 // type: 程式語言
20 // publisher: 博碩
```

實務場景應用

替物件新增詮釋資料（metadata）

詮釋資料一詞是由資料庫領域而來，字面意思是「有關資料的資料（data about data）」，本身並非資料的主要構成，只是用來描述資料的特徵與形成。

如果想替物件新增不影響物件組成、著重在描述資料的屬性，而且不希望在操作可列舉屬性的方法時被存取到，就可以使用 `symbol` 來定義。

不過新增或存取 `symbol` 型別的屬性的時候需要注意，不能使用點運算子（`.`），而是使用方括號（`[ ]`）。

```
1 // 19-7.js
2 const serialNO = Symbol('編號');
3 const published = Symbol('是否已經出版');
4
5 bookData[serialNO] = 9084;
6 bookData[published] = true;
7
8 let printString = '';
9 for (let propName in bookData) {
10     printString += `${propName}: ${bookData[propName]}|`;
11 }
12 console.log(printString);
13 // name: ECMAScript 關鍵 30 天|author: Yuri|
```

宣告辨識用的常數

需要以不同的值來作條件判斷，執行對應的操作邏輯時，通常會預先定義好一系列的常數，以這些常數來代表各自的操作邏輯。指派常數值時，雖然需要注意要跟其他的常數值不同，但我們其實並不在意值的本身是什麼。

以下方的程式碼為例。在 *handleSelectMenu* 函式中，以選單的 ID 來做條件判斷，執行開啟各種列表的方法。選單的 ID 只是拿來做辨識用，常數值只需不同就好。

```
1 // 19-8.js
2 const menuID = {
3     Comics: 'comics',
4     Novels: 'novels',
5     Animes: 'animes',
6 };
7
8 function handleSelectMenu(menu) {
9     switch (menu) {
10         case menuID.Comics:
11             openComicList();
12             break;
13         case menuID.Novels:
14             openNovelList();
15             break;
16         case menuID.Animes:
17             openAnimeList();
18             break;
19         default:
20             Alert.alert(`Error`, `Unknown menu ID`);
21     }
22 }
```

如果選單有很多個，或是名稱太過相似，怕輸入時不小心跟別的常數重複，就可以考慮使用 `symbol` 來建立常數。

```
1 // 19-9.js
2 const menuID = {
3     Comics: Symbol('漫畫'),
4     Novels: Symbol('小說'),
5     Animes: Symbol('動畫'),
6 };
```

有在使用 Redux[2] 的開發者應該對以下的程式碼不陌生。定義 *action* 的常數時，一樣可以使用 `symbol` 來解決這個問題。

```
1 // 19-10.js
2 const actionType = {
3     INCREMENT: Symbol(),
4     DECREMENT: Symbol(),
5 };
6
7 // store
8 function counter(state, action) {
9     switch (action.type) {
10         case actionType.INCREMENT:
11             return state + 1;
12         case actionType.DECREMENT:
13             return state - 1;
14         default:
15             return state;
16     }
17 }
18 const store = Redux.createStore(counter);
19
20 // actions
21 incrementElement.addEventListener('click', () =>
22     store.dispatch({ type: actionType.INCREMENT })
23 );
24
25 decrementElement.addEventListener('click', () =>
26     store.dispatch({ type: actionType.DECREMENT });
27 );
```

替物件新增迭代器的屬性

使用內建的 `Symbol.Iterator`，可以替自訂物件建立迭代器，並作為迭代器的鍵。更多有關迭代器的說明，可以前往 Day 28 看更完整的解說。

2 Redux 是以 JavaScript 開發的函式庫，用來做應用程式中資料狀態的管理。常與 UI 框架－React 搭配使用，也可獨立運作在純 JavaScript 的環境中。

DAY 20 Proxy

Proxy 的由來

proxy 這一詞的意思是「代理」。最早出現在網路的防火牆設計上，外部的網路需要透過 proxy，在安全的機制下連進內部的網路。現在說的 proxy，大多是指代理伺服器（proxy server），它能暫存網路資源，不用讓每次的資料請求都連到真正的伺服器取得，可以減少網路塞車的問題，提升網站的讀取速度。

簡介

ES2015 時，ECMAScript 推出全新的標準內建物件－`Proxy`。

`Proxy` 如同其名，針對的對象是物件型別的資料型態，並代理 `Object` 和 `Function` 部分的內建方法，像是 Day 05 提到的 `Object.defineProperty` 方法、Day 07 提到的 `apply` 方法等等，讓我們雖然對目標執行相同名稱的方法，實際上執行的是自訂的操作邏輯。

建立方式

new Proxy（*target*，*handler*）

handler 參數可以集合需要為這個對象代為管理的操作行為，並且以物件形式傳入。最後，建構函式的執行結果，會回傳和目標對象長得一樣，但是有些內建方法已經進行代理的物件。相關重點統整如表 20-1、20-2 所示。

表 20-1　new Proxy 方法－參數說明

名稱	必要性	型別	預設值	說明
target	是	物件型別	無	要進行代理的目標對象
handler	是	Object	無	見上方說明

表 20-2　new Proxy 方法－基本特性

ECMAScript	ES2015	方法類型	建構函式
修改對象的值	是（初始值）	回傳型別	Proxy

以下整理可以進行代理的內建方法，以及參數說明。

apply（*target*，*thisValue*，*parameters*）

當目標對象是函式，並且呼叫 `apply` 方法時，會以 *handler* 參數裡相同名稱的方法作為代理執行。有關原本方法的更多說明，可以前往 Day 06 看更完整的解說。傳入的參數依序是－

- *target*：目標對象。
- *thisValue*：要綁定的 `this` 對象。
- *parameters*：要傳入函式的參數陣列。

construct（*target*，*parameters*，*newTarget*）

當目標對象是物件型別，並且以 `new` 運算子呼叫建構函式時，會以 *handler* 參數裡的 `construct` 方法作為代理執行。有關建構函式的更多說明，可以前往 Day 07 看更完整的解說。傳入的參數依序是－

- *target*：目標對象。
- *parameters*：要傳入建構函式的參數。
- *newTarget*：選擇性，想要使用的建構函式。預設為 *target* 指向的建構函式。

defineProperty（*target*，*property*，*descriptor*）

當目標對象是物件，並且呼叫 `Object.defineProperty` 方法時，會以 *handler* 參數裡相同名稱的方法作為代理執行。參數的順序與說明跟原方法相同。有關原本方法的更多說明，可以前往 Day 05 看更完整的解說。

deleteProperty（*target*，*property*）

當目標對象是物件，並且以 `delete` 運算子移除屬性時，會以 *handler* 參數裡的 `deleteProperty` 方法作為代理執行。傳入的參數依序是－

- *target*：目標對象。
- *property*：要移除的屬性名稱。

getOwnPropertyDescriptor（*target*，*property*）

當目標對象是物件，且呼叫 `Object.getOwnPropertyDescriptor` 方法時，會以 *handler* 參數裡相同名稱的方法作為代理執行。有關原本方法的更多說明，可以前往 Day 05 看更完整的解說。傳入的參數依序是－

- *target*：目標對象。
- *property*：要移除的屬性名稱。

has（*target*，*property*）

當目標對象是物件，並且以 `in` 運算子查詢物件中有沒有特定名稱的屬性時，會以 *handler* 參數裡的 `has` 方法作為代理執行。傳入的參數依序是－

- *target*：目標對象。
- *property*：要查詢的屬性名稱。

isExtensible（*target*）

當目標對象是物件，並且呼叫 `Object.isExtensible` 方法查詢物件是否可擴充屬性時，會以 *handler* 參數裡相同名稱的方法作為代理執行。傳入的參數依序是－

- *target*：目標對象。

ownKeys（*target*）

當目標對象是物件，並且呼叫 `Object.getOwnPropertyNames` 或 `Object.getOwnPropertySymbols` 方法取得物件本身的屬性時，會以 *handler* 參數裡相同名稱的方法作為代理執行。傳入的參數依序是－

- *target*：目標對象。

preventExtensions（*target*）

當目標對象是物件，並且呼叫 `Object.preventExtensions` 方法時，會以 *handler* 參數裡相同名稱的方法作為代理執行。有關原本方法的更多說明，可以前往 Day 05 看更完整的解說。傳入的參數依序是－

- *target*：目標對象。

get（*target*，*property*，*receiver*）

當目標對象是物件，並且取得屬性時，會以 *handler* 參數裡的 `get` 方法作為代理執行。傳入的參數依序是－

- *target*：目標對象。
- *property*：要取得的屬性名稱。
- *receiver*：產生的 `proxy` 物件。

set（*target*，*property*，*value*，*receiver*）

當目標對象是物件，並且設定屬性值時，會以 *handler* 參數裡的 `get` 方法作為代理執行。傳入的參數依序是－

- *target*：目標對象。
- *property*：要設定的屬性名稱。
- *value*：要設定的屬性值
- *receiver*：產生的 `proxy` 物件。

getPrototypeOf（*target*）

當目標對象是物件，並且呼叫 `Object.getPrototypeOf` 方法時，會以 *handler* 參數裡相同名稱的方法作為代理執行。有關原本方法的更多說明，可以前往 Day 07 看更完整的解說。傳入的參數依序是－

- *target*：目標對象。

setPrototypeOf（*target*）

當目標對象是物件，並且呼叫 `Object.getPrototypeOf`、`Object.setPrototypeOf` 方法時，會以 *handler* 參數裡相同名稱的方法作為代理執行。有關原本方法的更多說明，可以前往 Day 07 看更完整的解說。傳入的參數依序是－

- *target*：目標對象。

實務場景應用

取值時以自訂的預設值回傳

當我們嘗試取得物件中不存在的屬性，或陣列中不存在的元素時，預設結果都會回傳 `undefined`。如果不想處理 `undefined` 的情況，可以使用 `get` 方法進行代理。

```
1 // 20-1.js
2 let myObject1 = {}, myObject2 = {};
3
4 myObject2 = new Proxy(myObject2, {
5     get(target, property, reveiver) {
6         if (Object.hasOwnProperty(property)) {
7             return target[property];
8         } else {
9             return 0; // default value
10        }
11    },
12 });
13
14 console.log(myObject1.prop, myObject2.prop); // undefined 0
```

設值時先進行資料的驗證

物件中如果有些屬性需要進行格式驗證才能設值的話，可以替 `set` 方法進行代理，通過驗證之後才能進行設值。

```
1 // 20-2.js
2 let myObject = { username: '' };
3
4 const validator = {
5     username: (value) => {
6         if (!/^[a-z0-9_-]{3,15}$/gm.test(value)) {
7             throw Error('Wrong Format!');
8         }
9     },
10 };
11
12 myObject = new Proxy(myObject, {
13     set(target, property, value, receiver) {
14         try {
15             validator[property](value);
16             target[property] = value;
17         } catch (error) {
18             console.error(error);
19         }
20     },
21 });
22
23 myObject.username = 'we'; // Error: Wrong Format!
```

使用限制

如果物件中有屬性把描述器中的 `configurable` 和 `writable` 都設定關閉的話，那麼這樣的屬性就沒辦法使用代理函式，並且出現錯誤提示。

```
1 // 20-3.js
2 let myObject = {};
3
4 Object.defineProperty(myObject, 'name', {
5     value: 'Yuri',
6     // configurable / writable / enumerable 都預設為false
7 });
8
9 myObject = new Proxy(myObject, {
10     get: () => 'Proxied Value!',
11 });
12
13 console.log(myObject.name);
14 // error: 'get' on proxy: property 'name' ...
```

DAY

21 Reflect

簡介

`Reflect` 是 ES2015 時推出的標準內建物件，它跟 Day 14 提到的 `Math` 物件一樣，本身沒有建構函式，因此所有的內建方法都是靜態的。

`Reflect` 的原意是「映射」。在 ECMAScript 中的 `Reflect`，可以想成它是為某些內建方法或運算指令，提供另一種替代方式。在某些情況下，使用映射提供的方法反而會比較理想，例如提供更合適的回傳結果、統一使用函式呼叫的方式、提升程式碼的可讀性等等。

```
1 // 21-1.js
2 // 查詢屬性
3 if ('myProperty' in myObject) {}
4 //等於
5 if (Reflect.has(myObject, 'myProperty')) {}
6
7 // 移除屬性
8 delete myObject.myProperty;
9 //等於
10 Reflect.deleteProperty(myObject, 'myProperty');
```

Proxy 與 Reflect

雖然可以單獨呼叫 `Reflect` 提供的方法，不過它的最大用處是在和 `Proxy` 搭配使用的時候。所以可以發現，`Reflect` 的內建方法，基本上都能對應到 `Proxy` 可以在 *handler* 參數中傳入的代理方法。這兩者常一起使用的時機為－

執行預設行為

執行代理方法的過程中，如果有需要對目標物件執行 `Object` 或 `Function` 內建方法的預設行為的話，使用 `Reflect` 可以讓程式碼的表現比較一致清楚。

```
1 // 21-2.js
2 let myObject = { username: '' };
3
4 const validator = {
5     username: (value) => {},
6 };
7
8 myObject = new Proxy(myObject, {
9     set(target, property, value, receiver) {
10        if (validator[property]) {
11            validator[property](value);
12        }
13        Reflect.set(target, property, value, receiver);
14    },
15 });
```

操作 this 對象

`Proxy` 可以進行代理的方法中，有 `set` 和 `get` 可以設值和取值。如果要在這兩個方法中，透過 `this` 存取到代理後的物件相關屬性或方法，就需要使用 `Reflect` 對應的 `set` 和 `get` 方法才能正確地存取否則會容易產生問題，甚至是出現錯誤提示。

```
1 // 21-3.js
2 const myObject = {
3     name: 'Yuri',
4     get greeting() {
5         return `Hi!我是 ${this.name}`;
6     },
7 };
8
9 const proxiedObject = new Proxy(myObject, {
10     get(target, property, receiver) {
11         if (property === 'name') {
12             return 'Bob';
13         }
14         console.log('Reflect.get:', Reflect.get(target,
propertyKey, receiver));
15         console.log('target[propertyKey]:',
target[propertyKey]);
16     },
17 });
18
19 proxiedObject.name; // 'Bob'
20 proxiedObject.greeting;
21 // Reflect.get: Hi!我是 Bob
22 // target[propertyKey]: Hi!我是 Yuri
```

DAY

22 Intl

簡介

`Intl` 是 International 的縮寫，意思是國際化的。每個地區因語系、國家、時區的不同，在文字、數值、時間日期等格式會不盡相同。因此，ECMAScript 集合了相關的格式化內建物件，將 `Intl` 作為這個集合的命名空間。

共同參數

目前在 `Intl` 中的格式化內建物件，在透過建構函式建立時，可傳入以下兩種參數－

locales

語系地區標記。如果只有一個的話，直接以字串傳入；如果有兩個以上的話，可用陣列傳入。如果沒傳入的話，會以當地預設的語系地區標記。

表達標記的格式通常會由語言代碼和國家代碼，以連字號（`-`）串接。有些語言會因地方的不同，會再加方言代碼組織。

以下整理常見的語系地區標記設定，如表 22-1 所示。

表 22-1　語系地區標記設定

中文			英文		
通用	台灣	中國	通用	美國	英國
zh-Hant	zh-Hant-TW	zh-Hant-CN	en	en-US	en-GB

options

以物件形式傳入。每種格式化內建物件，都會有各自可以設定的選項。因此內容都不一樣。

常用方法

以下整理了近年釋出的標準，和比較常用的格式化方法。

new Intl.NumberFormat（*locales*，*options*）

進行數值相關的格式化，像是貨幣、百分比的轉換等。相關重點統整如表 22-2 所示。

表 22-2　new Intl.NumberFormat 方法－基本特性

ECMAScript	ES5	方法類型	建構函式
修改對象的值	是（初始值）	回傳型別	NumberFormat

options 參數中，常用的設定如表 22-3 所示。

表 22-3　new Intl.NumberFormat 方法－ options 參數設定

名稱	說明	選項	預設值
style	格式化的樣式	• decimal（十進位） • currency（貨幣） • percent（百分比）	decimal
currency	ISO 制定的貨幣代碼。style 為 currency 時須設定	• TWD（台幣） • USD（美元） •	無
useGrouping	是否使用千位分隔符		true
maximumSignificantDigits	從頭計算最多需要顯示數字的數量，之後的數字一律顯示 0，並且省略小數。		21

建立實體後可以呼叫 `format` 方法，將目標數值傳入，取得格式化的結果。

```
1 // 22-1.js
2 const numberFormat1 = new Intl.NumberFormat('zh-Hant-TW', {
3     style: 'decimal',
4     useGrouping: false,
5 });
6 const numberFormat2 = new Intl.NumberFormat('zh-Hant-TW', {
7     style: 'currency',
8     currency: 'TWD',
9     maximumSignificantDigits: 4,
10 });
11 const numberFormat3 = new Intl.NumberFormat('zh-Hant-TW', {
12     style: 'percent',
13 });
14
15 console.log(numberFormat1.format(78116413)); // 78116413
16 console.log(numberFormat2.format(6412585.789)); //$6,413,000
17 console.log(numberFormat3.format(0.564)); // 56%
```

new Intl.DateTimeFormat（*locales*，*options*）

進行時間日期的格式化。相關重點統整如表 22-4 所示。

表 22-4　new Intl.DateTimeFormat 方法－基本特性

ECMAScript	ES5	方法類型	建構函式
修改對象的值	是（初始值）	回傳型別	DateTimeFormat

options 參數中，常用的設定如表 22-5 所示。

表 22-5　new Intl.DateTimeFormat 方法－ options 參數設定

名稱	說明	選項	預設值
timeZone	使用的時區名稱	• Asia/Taipei • Asia/Shanghai •	根據當地預設
hour12	是否使用 12 小時制，false 的話會採用 24 小時制顯示		根據當地預設
year／day／hour／minute／second	年／日／時／分／秒的顯示方式	• numeric • 2-digit	undefined
month	月的顯示方式	• numeric • 2-digit • narrow • short • long	undefined
weekday／era	工作日（星期）／紀元的顯示方式	• narrow • short • long	undefined
timeZoneName	時區名稱的顯示方式	• short • long	undefined

其中有關時間的選項（`year`／`day`／`hour`／`minute`／`second`／`month`／`weekday`／`era`），如果都沒設定的話，預設會將 `year`、`month` 和 `day` 的選項設定為 `numeric`，上預設輸出的時間會有年、月以及日。

建立實體後可以呼叫 `format` 方法，將目標的日期物件傳入，取得格式化的結果。

```
1 // 22-2.js
2 const now = new Date();
3
4 const timeFormat1 = new Intl.DateTimeFormat('zh-Hant-TW', {
5     timeZoneName: 'short',
6 });
7 const timeFormat2 = new Intl.DateTimeFormat('zh-Hant-TW', {
8     weekday: 'long',
9     era: 'long',
10    year: 'numeric',
11    month: 'numeric',
12    day: 'numeric',
13 });
14 const timeFormat3 = new Intl.DateTimeFormat('zh-Hant-TW', {
15    hour12: 'false',
16    hour: '2-digit',
17    minute: '2-digit',
18    second: '2-digit',
19 });
20
21 console.log(timeFormat1.format(now)); // 2021/9/15 GMT+8
22 console.log(timeFormat2.format(now)); // 西元2021年9月15日 星期三
23 console.log(timeFormat3.format(now)); // 下午06:49:06
```

new Intl.ListFormat（*locales*，*options*）

將一連串的文字串接，根據語系地區的不同，以連接詞或標點符號銜接在一起，組成一段有語意的內容。相關重點統整如表 22-6、22-7 所示。

表 22-6　new Intl.ListFormat 方法－基本特性

ECMAScript	ES2021	方法類型	建構函式
修改對象的值	是（初始值）	回傳型別	ListFormat

表 22-7　new Intl.ListFormat 方法－運作環境支援度

Chrome	Edge	Firefox	Safari	Node.js
v72 以上	v79 以上	v78 以上	v14.1 以上	v13.0.0 以上

options 參數中，常用的設定如表 22-8 所示。

表 22-8　new Intl.ListFormat 方法－ options 參數設定

名稱	說明	選項	預設值
type	文字與文字間銜接的方式	• conjunction（交集，and） • disjunction（聯集，or） • unit	conjunction
style	格式化的結果長度	• narrow • short • long	long

建立實體後可以呼叫 `format` 方法，將目標的可迭代物件（通常是陣列）傳入，取得格式化的結果。

```
1 // 22-3.js
2 const nameList = ['Yuri', 'Bob', 'Joe'];
3
4 const listFormat1 = new Intl.ListFormat('zh-Hant-TW', {
5     type: 'conjunction',
6 });
7 const listFormat2 = new Intl.ListFormat('zh-Hant-TW', {
8     type: 'disjunction',
9 });
10 const listFormat3 = new Intl.ListFormat('en-US', {
11     type: 'unit',
12 });
13
14 console.log(listFormat1.format(nameList)); // Yuri、Bob和Joe
15 console.log(listFormat2.format(nameList)); // Yuri、Bob、或Joe
16 console.log(listFormat3.format(nameList)); // Yuri, Bob, Joe
```

DAY

23 WeakRef 與 FinalizationRegistry

WeakRef 簡介

Day 16 介紹到 `WeakSet` 的時候，有提到弱參考的機制，是為了優化記憶體在管理資料的問題，避免造成不必要的空間和效能浪費。

在 JavaScript 的引擎中，負責管理記憶體的機制，叫做垃圾回收（Garbage Collection，簡稱 GC）－ JavaScript 在宣告變數或函式後，就會完成記憶體的配置。在程式執行期間，為了有效分配記憶體，會透過演算法，盡可能找出沒有被物件參考，或是不再被使用的物件進行清理。

不過現行 GC 並無法完全找出所有可以清理的資料。過多的記憶體浪費，可能會有記憶體外溢（Memory leak）的風險產生，導致影響效能。

所以除了前面章節提到的 `WeakSet`、`WeakMap` 之外，在 ES2021 時又釋出全新的標準內建物件－ `WeakRef`，讓開發者自訂的物件，也能擁有弱參考的特性。

FinalizationRegistry 簡介

如果想要物件被 GC 後，可以執行特定的事件邏輯，例如清除跟物件相關的資料等，可以使用 `FinalizationRegistry` 進行物件的註冊管理。

`FinalizationRegistry` 是 ES2021 推出的標準內建物件。如果開發的應用很需要重視記憶體的使用效能，或者是許多物件在執行期間，會因操作而移除等等，那麼就可以利用 `WeakRef` 加上 `FinalizationRegistry` 的搭配使用，達到優化記憶體管理的效果。

建立方式

new WeakRef（*target*）

使用標準內建物件 `WeakRef` 提供的建構函式建立。相關重點統整如表 23-1 至 23-3 所示。

表 23-1　new WeakRef 方法－參數說明

名稱	必要性	型別	預設值	說明
target	是	物件型別	無	目標物件

表 23-2　new WeakRef 方法－基本特性

ECMAScript	ES2021	方法類型	建構函式
修改對象的值	是（初始值）	回傳型別	WeakRef

表 23-3　new WeakRef 方法－運作環境支援度

Chrome	Edge	Firefox	Safari	Node.js
v84 以上	v84 以上	v79 以上	v14.1 以上	v14.6.0 以上

```
1 // 23-1.js
2 const input = document.querySelector('input');
3 const inputWR = new WeakRef(input);
```

new FinalizationRegistry（*callback*）

使用標準內建物件 `FinalizationRegistry` 提供的建構函式建立。*callback* 參數會是個回呼函式，當有註冊在裡面的物件被 GC 後，就會執行這個函式的內容。相關重點統整如表 12-4 至 12-6 所示。

表 23-4　new FinalizationRegistry 方法－參數說明

名稱	必要性	型別	預設值	說明
callback	是	Function	無	見下方說明

表 23-5　new FinalizationRegistry 方法－基本特性

ECMAScript	ES2021	方法類型	建構函式
修改對象的值	是（初始值）	回傳型別	FinalizationRegistry

表 23-6　new FinalizationRegistry 方法－運作環境支援度

Chrome	Edge	Firefox	Safari	Node.js
v84 以上	v84 以上	v79 以上	v14.1 以上	v14.6.0 以上

```
1 // 23-2.js
2 function finalizerCallback(heldValue) {
3     if (heldValue === 'target-a') {
4         console.log('Target A 已被移除!');
5     } else if (heldValue === 'target-b') {
6         console.log('Target B 已被移除!');
7     }
8     // ...
9 }
10 const finalizers = new FinalizationRegistry(finalizerCallback);
```

WeakRef 重要方法

deref()

取得原本的目標物件。相關重點統整如表 23-7、23-8 所示。

表 23-7　deref 方法－基本特性

ECMAScript	ES2021	方法類型	實體
修改對象的值	否	回傳型別	物件型別

表 23-8　deref 方法－運作環境支援度

Chrome	Edge	Firefox	Safari	Node.js
v84 以上	v84 以上	v79 以上	v14.1 以上	v14.6.0 以上

```
1 // 23-3.js
2 const input = document.querySelector('input');
3 const inputWR = new WeakRef(input);
4
5 console.log(inputWR.deref()); // <input class="...>
```

FinalizationRegistry 重要方法

register（*target*，*heldValue*，*unregisterToken*）

新增 `FinalizationRegistry` 的實體後，通常會做的就是註冊需要的物件。這樣物件被 GC 時，才能執行到實體中設定的回呼函式。相關重點統整如表 23-9 至 23-11 所示。

表 23-9　register 方法－參數說明

名稱	必要性	型別	預設值	說明
target	是	物件型別	無	目標物件
heldValue	是	任意型別	無	見下方說明
unregisterToken	否	物件型別	無	見下方說明

表 23-10　register 方法－基本特性

ECMAScript	ES2021	方法類型	實體
修改對象的值	否	回傳型別	undefined

表 23-11　register 方法－運作環境支援度

Chrome	Edge	Firefox	Safari	Node.js
v84 以上	v84 以上	v79 以上	v14.1 以上	v14.6.0 以上

heldValue 參數會作為實體中的回呼函式的參數傳入，可以用來作條件判斷。當有多個物件時，可以根據 *heldValue* 的值來執行不同的程式片段。

當有需要為物件撤銷註冊的時候，*unregisterToken* 參數就必須傳入。通常會設定為物件本身。

```
1 // 23-4.js
2 const finalizers = new FinalizationRegistry(finalizerCallback);
3 function finalizerCallback(heldValue) {
4     if (heldValue === 'input') {}
5 }
6
7 finalizers.register(inputWR, 'input', inputWR);
```

unregister（*unregisterToken*）

傳入替物件執行註冊時，對應的第三個參數，也就是 *unregisterToken* 參數。可以替物件撤銷註冊。相關重點統整如表 23-12 至 23-14 所示。

表 23-12　unregister 方法－參數說明

名稱	必要性	型別	預設值	說明
unregisterToken	是	物件型別	無	見下方說明

表 23-13　unregister 方法－基本特性

ECMAScript	ES2021	方法類型	實體
修改對象的值	否	回傳型別	undefined

表 23-14　unregister 方法－運作環境支援度

Chrome	Edge	Firefox	Safari	Node.js
v84 以上	v84 以上	v79 以上	v14.1 以上	v14.6.0 以上

延續上個範例程式－

```
1 // 23-5.js
2 if (matchCondition) {
3     finalizers.unregister(inputWR);
4 }
```

Note

PART

6 運算子與流程控制

運算子是透過特殊符號或關鍵字，來進行運算、邏輯處理、存取值，甚至是流程控制等。在 Day 24，我們會介紹常用的運算子。

流程控制，就像是做料理的時候，會判斷食材種類來決定備料流程；或以同樣的方式處理相似的食材；或是等 A 步驟完成前，需要先做 B 步驟等等。在程式語言中，很多時候需要依情況來控制程式的執行。在 Day 25 至 Day 29，會介紹各種流程控制的語法標準。

DAY

24 運算子與特殊符號

運算子

簡介

在介紹運算子之前，先來快速理解相關名詞上的定義。

運算元（Operant）其實就是在前面章節提到的任何資料型態，像是字串、數字、陣列、物件，甚至函式等等。當資料需要進行運算時，就會被稱為運算元。

運算子（Operator）是指透過特殊符號或英文字詞的組成，形成有運算意義的關鍵字，並對運算元執行特定的運算功能或邏輯判斷。運算子除了可以根據執行目的來區分種類以外，也可以根據參與的運算元數量，分成以下三種－

- 一元運算子：一個運算元，搭配一個運算子
- 二元運算子：兩個運算元，搭配一個運算子
- 三元運算子：三個運算元，搭配兩個運算子

由運算元和運算子組成的表達式，就稱為**運算式（Expression）**。運算式最後通常會回傳執行完的結果。

算術運算子

除了一般的加減乘除，ECMAScript 中還定義了以下的運算子，如表 24-1 所示。

表 24-1　算術運算子一覽表

運算子	說明	範例運算式
%（二元）	兩個運算元相除後的餘數	11 % 3 = 2
+（一元）	將運算元轉為數字型別	+"-1"：回傳 -1 +true：回傳 1
-（一元）	將運算元轉為數字型別後，再將結果乘上 -1	-"-1"：回傳 1 -true：回傳 -1
++（一元） **--**（一元）	運算元加（減）1。執行時間點會根據放的位置而有不同－ ++x（--x）：把 x 加（減）1 後，才回傳運算後的 x 值 x++（x--）：先回傳運算前的 x 值，再執行 x 加（減）1	

次冪運算子

等同於 `Math.pow` 方法。相關重點統整如表 24-2 所示。

表 24-2　次冪運算子－基本特性

符號	******（二元）	**ECMAScript**	ES2016
範例運算式	2 ** 3 = 8	說明	取得數字的某次方過後的結果

次冪運算子在許多語言，像是 Python、Ruby、MATLAB 等都已經被標準化，因此在 ES2016 時推出，主要與其他語言有一致性，並在寫法上更簡潔。

比較運算子

比較運算子是取得兩個運算元之間的相等性之後，回傳布林值的結果。

在 Day 04 中提到資料型態的相等性時，有認識了寬鬆相等與嚴格相等的運算子。以下整理了其他的比較運算子，如表 24-3 所示。

表 24-3　比較運算子一覽表

運算子	說明	範例運算式
!=（二元）	寬鬆不相等	3 != '3'：回傳 false
!==（二元）	嚴格不相等	3 !== '3'：回傳 true
>（二元） **<**（二元）	左邊的運算元是否大（小）於右邊的運算元	2 > 1：回傳 true 2 < 1：回傳 false
>=（二元） **<=**（二元）	左邊的運算元是否大（小）於或等於右邊的運算元	2 >= 2：回傳 true 2 <= 1：回傳 false

邏輯運算子

Day 04 提到 `boolean` 時，有提到 truthy & falsy 的概念以及判斷的標準。邏輯運算子則是判斷運算元是 truthy 或 falsy，並依據運算子代表的邏輯決定回傳結果。相關統整如表 24-4 所示。

表 24-4　邏輯運算子一覽表

運算子	說明	範例運算式
&&（二元）	AND。運算元都是 truthy 的話，會回傳最後一個運算元，否則會回傳 false	（3 === 4）&& true：回傳 false （5 > 3）&& true：回傳 true （5 > 3）&& 123：回傳 123
||（二元）	OR。依序往右看運算元的真偽，只要 truthy 就會回傳該運算元，否則會回傳 false	（3 === 4）|| false：回傳 false （5 > 3）|| true：回傳 true 123 ||（5 > 3）：回傳 123
!（一元）	反轉真偽的結果	! true：回傳 false !（3 === 4）：回傳 true

空值合併運算子（Nullish Coalescing Operator）

空值（**Nullish**）的定義包含基本型別中的 `null` 和 `undefined`。`??` 運算子會看前面的運算元是否為空值，不是的話，就回傳前面的運算元；否則就會回傳後面的運算元。相關重點統整如表 24-5、24-6 所示。

表 24-5　空值合併運算子－基本特性

符號	??（二元）	ECMAScript	ES2020

表 24-6　空值合併運算子－運作環境支援度

Chrome	Edge	Firefox	Safari	Node.js
v80 以上	v80 以上	v72 以上	v13.1 以上	v14.0.0 以上

實務開發中很常遇到為變數指派預設值。?? 運算子出現之前，通常是使用 || 運算子實作。不過 || 運算子是做 falsy 的判斷，其中空字串和數字 0 也會被判斷成 falsy。

因此，想要空字串和數字 0 也可以當作預設值的話，使用 ?? 運算子會比較理想。

```
1 // 24-1.js
2 const iAmNumber = 0, iAmString = '';
3
4 console.log(iAmNumber ?? 123, iAmNumber || 123); // 0 123
5 console.log(iAmString ?? 123, iAmString || 123); // "" 123
6 console.log(null ?? 123, null || 123); // 123 123
```

可選串連運算子（Optional Chaining Operator）

需要存取物件裡的成員或是陣列裡的元素時，通常會事先用 && 運算子確認有沒有存在。不過對象是層次很深的屬性或元素的話，判斷式就會變得又臭又長。

```
1 // 24-2.js
2 const hasProp3 = obj && obj.prop1 && obj.prop1.prop2 &&
  obj.prop1.prop2.prop3;
3 if (hasProp3) {}
4 // ---
5 if (obj.prop1.prop2.prop3) {
6     // 如果其中一個值不存在，就會出現意外錯誤
7     // error: Cannot read property ...
8 }
```

因此在 ES2020 推出了 ?. 運算子，可以直接省去一層層的判斷。相關重點統整如表 24-7、24-8 所示。

表 24-7 可選串連運算子－基本特性

符號	?.（二元）	ECMAScript	ES2020

表 24-8 可選串連運算子－運作環境支援度

Chrome	Edge	Firefox	Safari	Node.js
v80 以上	v80 以上	v74 以上	v13.1 以上	v14.0.0 以上

```
1 // 24-3.js
2 if (myObject?.prop1?.prop2?.prop3) {} // 物件
3 if (myArray?.[7]) {} // 陣列
```

條件運算子

由問號（?）和冒號（:）組成。條件判斷的表達方式為－

運算元 A ? 運算元 B : 運算元 C

圖 24-1 條件運算子的語法結構

如果 A 的執行結果是 truthy 的話，就會回傳問號（?）後的 B 的執行結果；反之，如果是 falsy 的話，就會回傳問號（?）後的 C 的執行結果。

```
1 // 24-4.js
2 const myArray = ['Yuri', 'Bob'];
3
4 const hasData = myArray.length > 0 ? true : false; // true
5 const thirdName = myArray[2] ? myArray[2] : 'Zoe'; // Zoe
```

其餘運算子（rest operator）

ES2015 時推出了其餘運算子，符號為 `...`（三個小數點），將符號之後的所有值集合起來，並且放在陣列中回傳。主要使用時機有以下－

- 函式的參數傳遞
- 陣列和物件的解構賦值

以下統整相關的語法介紹和應用，如表 24-9 所示。

表 24-9　其餘運算子相關應用

章節	應用	頁數
Day 05 物件	ES2015+ 重要特性－物件的解構賦值	1-71
Day 06 函式	參數傳遞－其餘參數	1-88
Day 15 陣列	陣列的解構賦值	4-28

展開運算子（spread operator）

ES2015 時推出了展開運算子，和剩餘運算子一樣是 `...`（三個小數點），將對象裡的元素展開成個別的值。在使用對象上，只要是可迭代的內建物件以及物件都能使用。相關的語法介紹和應用，如表 24-10 所示。

表 24-10　展開運算子相關應用

章節	應用	頁數
Day 05 物件	物件的複製＞淺層複製	1-60
Day 15 陣列	合併元素或陣列	4-19
	類陣列	4-29

其他的運算子

在其他章節看過的 `new`、`delete`、`typeof` 等關鍵字，其實也算是運算子的一種。以下統整這些運算子的介紹與應用，如表 24-11 所示。

表 24-11　其他的運算子

運算子	描述
new	以建構函式建立物件
delete	移除物件的屬性
typeof	取得變數的資料型別
yield	產生器函式中使用的運算子

特殊符號

尾逗號（trailing comma）

在排列物件裡的成員或陣列裡的元素時，允許在後面多加一個逗號（,）。這個標準主要有兩個好處－

- 如果要調整最後一個元素到前面，較不容易發生錯誤。
- 協助版本控制。

在 ES2017 中擴充了這項標準，函式中的參數排列，在最後面也可以加上尾逗號。相關重點統整如表 24-12 所示。

表 24-12　尾逗號（函式參數）－運作環境支援度

Chrome	Edge	Firefox	Safari	Node.js
v58 以上	v14 以上	v52 以上	v10 以上	v8.0.0 以上

```
1 // 24-5.js
2 function myFunction(p1, p2,) {}
3 const myArray = [1, 2, 3,];
4 const myObject = { name, id, };
```

數值分隔符（numeric separators）

為了方便閱讀位數很長的數字或 `bigint` 數值，ES2021 時有釋出相關語法，可以使用多個底線（_）隔在數字之間。相關重點統整如表 24-13、24-14 所示。

表 24-13　數值分隔符－基本特性

符號	底線（_）	ECMAScript	ES2021

表 24-14　數值分隔符－運作環境支援度

Chrome	Edge	Firefox	Safari	Node.js
v75 以上	v79 以上	v70 以上	v13 以上	v12.5.0 以上

數值分隔符有些使用限制，像是－

- 不能連續使用底線（_）。例如：兩個底線（__）。
- 不能接在數值的最後面。例如：123_。
- 一開頭的位數如果是 0，就不能在這個位數之後使用底線（_）。例如：0_123。

```
1 // 24-6.js
2 const million = 1_000_000;
3 const billion = 1_000_000_000;
4 const trillion = 1_000_000_000_000n;
5
6 console.log('million:', million); // million: 1000000
7 console.log('billion:', billion); // billion: 1000000000
8 console.log('trillion:', trillion); // trillion: 1000000000000n
```

DAY

25 基本流程控制

流程控制是程式設計中相當重要的組成，如果沒有這些語法的話，就無法實現各種狀況處理和邏輯判斷。今天的內容，會整理基本常用的流程控制語法，熟悉語法的使用時機和起手式。

條件判斷

根據條件有沒有滿足來執行不同的程式區塊。

if (*表達式*) { } else { }

可以判斷表達式的執行結果是真還是偽，決定要執行哪段程式碼區塊。以白話來說，就像是遇到岔路時，以投擲硬幣決定路線。如果正面就走右邊，反面的話則走左邊。

```
1 // 25-1.js
2 if (coinSide === 'heads') {
3     console.log('走右邊的路吧!');
4 } else {
5     console.log('走左邊的路吧!');
6 }
```

除了以上的二分法，也可以在中間增加 `else if` 來多判斷其他運算式的真偽，例如根據猜拳的結果，來獲得對應的賞罰。

```
1 // 25-2.js
2 if (moraResult === 'win') {
3     console.log('贏了! 可以喝飲料');
4 } else if (moraResult === 'tie') {
5     console.log('平手 繼續下一回合');
6 } else {
7     console.log('輸了! 要去幫忙跑腿');
8 }
```

如果在運算式的結果為真時，才有程式碼區塊可以執行，那麼只有寫一個 `if` 區塊也是可以的。

```
1 // 25-3.js
2 if (truthy) {
3     // do something
4 }
```

藉由下面的程式碼示意圖，來練習一下不同文法結構的使用時機。

case 1 的話，四個程式碼區塊之間只會執行一個，並且會由上往下依序判斷，直到出現滿足條件後就不會再執行接下來的判斷。

case 2 的話，可以把這幾個 `if` 區塊想成是各自獨立的條件，並且都會進行到。只要有滿足條件，就會執行對應的程式碼區塊。

```
1 // 25-4.js
2 // case 1                         // case2
3 if (condition1) { }            | if (condition1) { }
4 else if (condition2) { }       | if (condition2) { }
5 else if (condition3) { }       | if (condition3) { }
6 else { }                       |
```

switch（*表達式*）{ case }

如果只需判斷一個表達式的執行結果，而且結果的可能性有很多種的話，就可以使用這個語法來判斷對應的結果需要做什麼事情。以白話來說的話，就像是骰子遊戲，擲出特定點數，可以得到對應分數。

```
1 // 25-5.js
2 switch (dicePoint) {
3     case (1, 2, 3, 4, 5):
4         myScore -= 10;
5         break;
6     case 6:
7         myScore += 30;
8         break;
9     default:
10        break;
11 }
```

寫法上有幾點需要注意的地方－

- 如果有多種結果是執行相同邏輯的話，以逗號（`,`）區隔執行結果。
- 最後通常會加 `default` 區塊，如果執行結果都不符合以上的 `case` 區塊，就會執行這裡的邏輯。
- 每個 `case` 區塊和 `default` 區塊，最後會加 `break` 關鍵字，表示執行結束。

迴圈與遍歷

針對資料中的每個元素重複執行一樣的程式區塊。有些語法還需要符合條件才執行，或是達到特定情況下才中止迴圈等機制。

for（*表達式 1*；*表達式 2*；*表達式 3*）

進行固定次數的遍歷，經常應用在有索引值的陣列或字串。`for` 迴圈的括號中需要依序傳入三種表達式－

- 表達式 1：宣告並初始化計數器變數。
- 表達式 2：以計數器變數設定執行迴圈的條件。
- 表達式 3：執行計數器來更新這個變數的值，通常是加 1 遞增，或是減 1 遞減。相關運算子的使用，可以參考 Day 24 的算術運算子。

```
1 // 25-6.js
2 for (let index = 0; index < array.length; index++) {
3     // 從陣列的第一個元素，由前往後遍歷
4     const element = array[index];
5 }
6
7 for (let index = array.length - 1; index >= 0; index--) {
8     // 從陣列的最後一個元素，由後往前遍歷
9     const element = array[index];
10 }
```

for（*元素* of *可迭代的物件*）

`for of` 是 ES2015 推出的迴圈，目的是讓所有可迭代的物件有共同的遍歷方法。更多有關可迭代的說明，可以前往 Day 28 看更完整的解說。

其中，陣列如果有空元素的話，並不會像 `forEach` 方法一樣跳過不執行。而是會以 `undefined` 來執行迴圈裡的內容。

```
1 // 25-7.js
2 const myArray = [, 1, , 4];
3
4 for (element of myArray) {
5     console.log(element);
6 }
7 // undefined
8 // 1
9 // undefined
10 // 4
11
12 myArray.forEach((element) => console.log(element));
13 // 1
14 // 4
```

for（*屬性名稱* in *物件*）

`for in` 迴圈主要來遍歷物件中，包含在原型鏈中所有的屬性。不過以下的屬性名稱無法被遍歷－

- 屬性的 `enumerable` 設定為 `false`，也就是這個屬性是不可列舉的。
- 屬性的鍵，型別不是字串，而是 `symbol`。

還有一點需要注意的是，不能保證遍歷的順序。所以像是陣列，雖然他也算是物件的一種，但是非常不推薦用來做陣列的遍歷。另外，如果只想遍歷物件本身的成員的話，可以搭配 `hasOwnProperty` 方法來使用。

```
1 // 25-8.js
2 function Book(name) {
3     this.name = name;
4 }
5
6 Book.prototype.publish = '博碩';
7
8 const myBook = new Book('ECMAScript 關鍵 30 天');
9
10 for (const prop in myBook) {
11     if (myBook.hasOwnProperty(prop)) {
12         console.log(`myBook.${prop} = ${myBook[prop]}`);
13     }
14 } // myBook.name = ECMAScript 關鍵 30 天
```

while（*表達式*）{ }

當運算式的執行結果為真時，就會執行程式碼區塊。使用 `while` 迴圈必須要注意的是，需要有終止條件的設計，而且一定要能夠觸發終止條件，否則 `while` 迴圈很容易出現無窮迴圈，形成臭蟲。

```
1 // 25-9.js
2 let count = 10;
3 while (count > 0) {
4     console.log('Count down:', count);
5     count--;
6 }
7 // Count down: 10
8 // ...
9 // Count down: 1
```

do { } while（*表達式*）

跟上面的 `while` 迴圈很像，只差在把程式碼區塊提到 `while` 前面，並且使用 `do` 關鍵字包覆。用在想要先執行程式碼區塊，再來進行表達式的結果判斷。

```
1 // 25-10.js
2 let currentNumber = 0;
3
4 do {
5     console.log('currentNumber:', currentNumber);
6     currentNumber++;
7 } while (currentNumber > 0 && currentNumber < 3);
8 // currentNumber: 0
9 // currentNumber: 1
10 // currentNumber: 2
```

例外處理

當執行區塊遇到意外錯誤時，提供對應的處理方式。

try { } catch（error）{ } ／ finally { }

當我們想捕捉運行環境，或是程式自訂的 `Error` 物件時，可以使用這個語法來攔截錯誤，避免中止程式的執行。

`try` 關鍵字中的程式區塊，是放主要執行的程式；而 `catch` 區塊則是接收 `Error` 物件作為參數，進行相關的判斷或處理；`finally` 區塊則是無論有沒有發生意外錯誤，最後都會執行到的地方。

```
1 // 25-11.js
2 try {
3     const remoteData = await fetchData(params);
4 } catch (error) {
5     console.warn(error);
6 } finally {
7     console.log('fetch data done');
8 }
```

Optional catch binding

ES2019 後，`catch` 區塊可以選擇忽略傳入的 `Error` 物件並省去括號。對於不需要針對 `Error` 物件處理的情境，寫法上可以更加精簡。

```
1 // 25-12.js
2 try {
3     const remoteData = await fetchData(params);
4 } catch {
5     console.log('fetch data error');
6 }
```

throw

雖然沒有發生系統性的錯誤，但是如果出現了不符合功能邏輯，或是預期外的結果，會希望程式碼可以自主拋出訊息，讓程式可以攔截到訊息，進行相關處理。

我們可以利用上方提到的 `try catch` 搭配 `throw` 關鍵字拋出特定訊息，並且在 `catch` 區塊中攔截訊息來處理。其中，特定訊息的型別和格式，可以依照開發需求自訂，或是以內建的 `Error` 物件來建立也可以。

```
1 // 25-13.js
2 function checkAge(age) {
3     if (age < 18) {
4         throw '未滿18歲不能開車';
5     }
6     return age;
7 }
8 try {
9     const age = checkAge(15);
10 } catch (error) {
11     console.warn(error);
12 } // 未滿18歲不能開車
```

DAY

26 非同步－Promise

簡介

在 Day 06 中，我們透過回呼函式認識了非同步，以及第一種可以實現非同步的方式。可是回呼函式只能控制執行時機，沒辦法做更進階的處理。因此在 ES5 以前，通常會使用函式庫提供的相關模組來撰寫非同步函式，像是 jQuery、BlueBird 等。

ES2015 後，主要實作非同步的 `Promise` 終於被納入標準，並成為標準內建物件。在瀏覽器內建的 Fetch API、Service Worker 等，也是以 `Promise` 實現非同步行為。今天就來好好認識吧！

狀態與流程

當建立 `Promise` 物件時，內部會有一個狀態機制，紀錄目前的執行狀況。主要的狀態有以下幾種－

- `pending`：執行傳入 `Promise` 物件的非同步操作，呈現「擱置中」的狀態。
- `settled`：執行結束後，透過呼叫 `Promise` 內建的函式參數，呈現「已解決」的狀態。其中，執行結果的成功與否，可以再分成以下兩種狀態－
  - `fulfilled`：表示執行結果正常，或是操作成功，呈現「已實現」的狀態。
  - `rejected`：表示執行結果在意料之外，或操作失敗，呈現「已拒絕」的狀態。

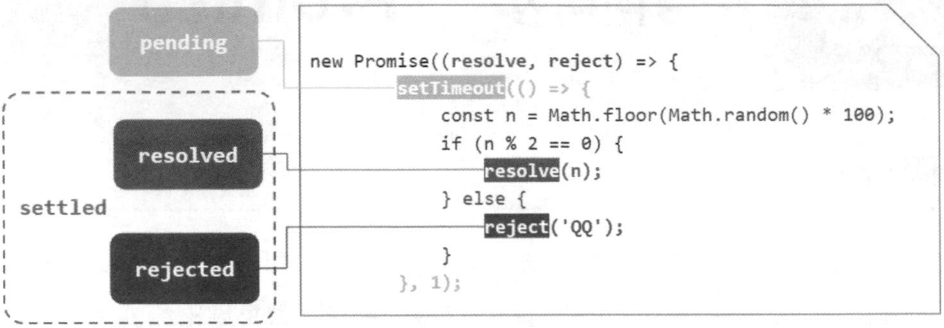

pending

settled

resolved

rejected

```
new Promise((resolve, reject) => {
    setTimeout(() => {
        const n = Math.floor(Math.random() * 100);
        if (n % 2 == 0) {
            resolve(n);
        } else {
            reject('QQ');
        }
    }, 1);
```

圖 26-1　Promise 狀態示意圖

建立方式

new Promise（*executor*）

使用標準內建物件 `Promise` 提供的建構函式建立。相關重點統整如表 26-1、26-2 所示。

表 26-1　new Promise 方法－參數說明

名稱	必要性	型別	預設值	說明
executor	是	Function	無	見下方說明

表 26-2　new Promise 方法－基本特性

ECMAScript	ES2015	方法類型	建構函式
修改對象的值	是（初始值）	回傳型別	Promise

excutor 參數是一個函式，用來封裝非同步的操作。這個函式會接收兩個參數－

- `resolve`：非同步的操作結束後，如果執行結果正常，或是操作成功，可以執行 `resolve` 函式表示狀態為 `fulfilled`，並且傳遞資料值。

- `reject`：非同步的操作結束後，如果執行結果在意料之外，或是操作成功，可以執行 `reject` 函式表示狀態為 `rejected`，並且傳遞錯誤訊息。

```
1 // 26-1.js
2 const promise = new Promise((resolve, reject) =>
3     // 執行非同步操作
4     fetch('myapp/route/path', () => {
5         // ...
6     })
7 );
```

實務上通常會以函式把 `Promise` 物件封裝起來，需要取得非同步的執行結果時，直接呼叫這個函式即可。

```
1 // 26-2.js
2 function fetchData() {
3     return new Promise((resolve, reject) => {})
4     // ...
5 }
6
7 fetchData();
```

實體方法

`Promise` 物件有三種實體方法，並且都是以傳入一個函式做為參數，如表 26-3 所示。當狀態轉為 `settled` 後，會依照結果的成功與否，執行對應方法的回呼函式。

表 26-3　Promise 實體方法－參數說明

名稱	必要性	型別	預設值	說明
callback	是	Function	無	回呼函式

then（*callback*）

當結果狀態是 `fulfilled` 時，會執行 `then` 方法裡的回呼函式，並且將 `resolve` 函式傳遞的資料值，作為這個回呼函式的參數。如此一來，在非同步操作成功後，就可以對資料進行後續處理。相關重點統整如表 26-4 所示。

表 26-4　then 方法－基本特性

ECMAScript	ES2015	方法類型	實體
修改對象的值	否	回傳型別	Promise

如果需要對資料進行一連串不同的處理，可以依序鏈結多個 `then` 方法，傳入對應的回呼函式。需要注意的是，處理過程中的回呼函式，最後要以 `return` 回傳，才能將處理後的結果傳遞給下個 `then` 方法中的回呼函式。

```
1 // 26-3.js
2 function getEven() {
3     return new Promise((resolve, reject) => {
4         setTimeout(() => {
5             const n = Math.floor(Math.random() * 100);
6             console.log('resolve:', n);
7             resolve(n);
8         }, 1);
9     })
10        .then((result) => result + 10)
11        .then((result) => result / 2)
12        .then((result) => console.log('then:', result));
13 }
14 // resolve: 71
15 // then: 40.5
```

catch (*callback*)

當結果狀態是 `rejected` 時，會執行 `catch` 方法裡的回呼函式，並且將 `reject` 函式傳遞的錯誤訊息，作為這個回呼函式的參數。在非同步操作失敗後，可以進行相關的錯誤處理。相關重點統整如表 26-5 所示。

表 26-5　catch 方法－基本特性

ECMAScript	ES2015	方法類型	實體
修改對象的值	否	回傳型別	Promise

finally (*callback*)

可以將程式最後必須要執行到的邏輯，放在 `finally` 方法內的回呼函式，避免在 `then` 和 `catch` 的回呼函式中撰寫重複的程式碼。相關重點統整如表 26-6、26-7 所示。

表 26-6　finally 方法－基本特性

ECMAScript	ES2018	方法類型	實體
修改對象的值	否	回傳型別	Promise

表 26-7　finally 方法－運作環境支援度

Chrome	Edge	Firefox	Safari	Node.js
v63 以上	v18 以上	v58 以上	v11.1 以上	v10.0.0 以上

透過下方的程式碼，來看以上三個實體方法如何組合使用。

```
1 // 26-4.js
2 function getEven() {
3     return new Promise((resolve, reject) => {
4         setTimeout(() => {
5             const n = Math.floor(Math.random() * 100);
6             if (n % 2 == 0) {
7                 resolve(n);
8             } else {
9                 reject('QQ');
10            }
11        }, 1);
12    })
13        .then((result) => console.log('then:', result))
14        .catch((error) => console.error('catch:', error))
15        .finally(() => console.log('finally done!'));
16 }
17 // 第一次執行          | 第二次執行
18 // getEven()          | getEven()
19 // catch: QQ          | then: 54
20 // finally done!      | finally done!
```

在 *getEven* 函式中回傳一個 `Promise` 物件，並且以 `setTimeout` 模擬非同步，在一秒後隨機取數，如果是偶數就模擬操作成功，以 `resolve` 函式傳遞數字；如果是奇數就模擬操作失敗，以 `reject` 函式傳遞訊息。

`Promise` 物件之後可以直接以點運算子（`.`）依序鏈結 `then`、`catch` 和 `finally` 方法，並且把各方法對應的回呼函式傳入。

靜態方法

`Promise` 目前提供四種靜態方法。這幾種方法的語法機制很相似，參數都是傳入一個具有多個 `Promise` 物件的陣列。呼叫方法時，會同時執行這些 `Promise` 物件中的非同步操作。有關參數描述，如表 26-8 所示。

表 26-8　Promise 靜態方法－參數說明

名稱	必要性	型別	預設值	說明
promises	是	可迭代的物件（通常是陣列）	無	多個 promise 物件

這些方法的主要差別在於，會根據這些非同步操作的結果狀態，決定要執行 `then` 方法中的回呼函式，還是 `catch` 方法中的回呼函式。另外這些結果狀態也會依據不同方法的實作，決定是否會被傳遞進去。

以下方法的分類比較，會按照執行 `then` 方法的回呼函式時，是傳入部分 `promise` 物件的結果狀態，或是全部 `promise` 物件的結果狀態來區分。

Promise.race（*promises*）vs. Promise.any（*promises*）

這兩個方法的相同處是，執行 `then` 方法的回呼函式時，只會傳入某一個特定的 `Promise` 物件的結果狀態，作為回呼函式的接收參數。

`Promise.race` 方法會捕捉第一個狀態轉為 `settled` 的非同步操作。如果這個操作成功，呼叫了 `resolve` 函式，則執行 `then` 方法的回呼函式，並把該操作的結果狀態傳遞進去；反之失敗，呼叫了 `reject` 函式的話，則執行 `catch` 方法的回呼函式，並接收該操作的錯誤訊息。

`Promise.any` 方法是 ES2021 推出的新語法，運作環境支援度如表 26-9 所示。只要有一個非同步操作將狀態轉為 `settled`，而且操作成功，就能透過 `resolve` 函式的呼叫，將結果狀態傳遞到 `then` 方法的回呼函式執行。如果都失敗，則執行 `catch` 方法的回呼函式，並且接收固定的錯誤訊息。

表 26-9　Promise.any 方法－運作環境支援度

Chrome	Edge	Firefox	Safari	Node.js
v85 以上	v85 以上	v79 以上	v14 以上	v15.0.0 以上

透過幾個情境來理解使用方式和這兩者的差異吧！

```
1 // 26-5.js
2 const p1 = new Promise((resolve, reject) => setTimeout(resolve,
  200, 'p1'));
3 const p2 = new Promise((resolve, reject) => setTimeout(resolve,
  300, 'p2'));
4 const p3 = new Promise((resolve, reject) => setTimeout(reject,
  100, 'p3'));
5
6 Promise.race([p1, p2, p3])
7      .then((result) => console.log('then:', result))
8      .catch((error) => console.error('catch:', error));
9 // catch: p3
10
11 Promise.any([p1, p2, p3])
12      .then((result) => console.log('then:', result))
13      .catch((error) => console.error('catch:', error));
14 // then: p1
```

以上方程式碼來看，我們建立三個 `Promise` 物件，並且使用 `setTimeout` 函式模擬非同步的操作。最快結束非同步操作的 `Promise` 物件是 *p3*，並以呼叫 `reject` 函式傳遞結果狀態。因此在 `Promise.race` 方法中，會執行 `catch` 方法中的回呼函式，印出 *p3*。

最快結束非同步操作，而且是 `fulfilled` 狀態的 `Promise` 物件是 *p1*。因此在 `Promise.any` 方法中，會執行 `then` 方法中的回呼函式，印出 *p1*。

```
1 // 26-6.js
2 const p1 = new Promise((resolve, reject) => setTimeout(reject,
  200, 'p1'));
3 const p2 = new Promise((resolve, reject) => setTimeout(reject,
  300, 'p2'));
4 const p3 = new Promise((resolve, reject) => setTimeout(reject,
  100, 'p3'));
5
6 Promise.race([p1, p2, p3])
7     .then((result) => console.log('then:', result))
8     .catch((error) => console.error('catch:', error));
9 // catch: p3
10
11 Promise.any([p1, p2, p3])
12     .then((result) => console.log('then:', result))
13     .catch((error) => console.error('catch:', error));
14 // catch: AggregateError: All promises were rejected
```

以上方程式碼來看，我們把三個 `Promise` 物件都改成呼叫 `reject` 函式傳遞結果狀態。`Promise.race` 方法的執行結果跟上圖一樣。然而在 `Promise.any` 方法中，由於所有非同步操作失敗，結果狀態都是 `rejected`，因此會執行 `catch` 方法中的回呼函式，並且接收一串固定的錯誤訊息作為參數。

Promise.all（*promises*）vs. Promise.allSettled（*promises*）

這兩個方法的相同處是，執行 `then` 方法的回呼函式時，會傳入全部的 `Promise` 物件的結果狀態，形成一個陣列，作為回呼函式的接收參數。

要讓 `Promise.all` 方法可以執行到的 `then` 方法裡的回呼函式，只有一種條件，就是全部的結果狀態成為 `fulfilled`。透過 `resolve` 函式傳遞的資料，會對應 *promises* 參數的順序形成陣列，作為回呼函式的參數。

然而，只要有一個非同步操作的結果狀態是 `rejected`，那麼就會執行 `catch` 方法的回呼函式，並接收該操作的錯誤訊息。

ES2020 時推出了 `Promise.allSettled` 方法的語法標準，運作環境支援度如表 26-10 所示。這個語法只會執行 `then` 方法裡的回呼函式。所以不管結果狀態要是 `fulfilled` 還是 `rejected`，都會將 `resolve` 函式和 `reject` 函式傳遞的資料，對應 *promises* 參數的順序形成陣列，作為回呼函式的參數。

表 26-10　Promise.allSettled 方法－運作環境支援度

Chrome	Edge	Firefox	Safari	Node.js
v76 以上	v79 以上	v71 以上	v13 以上	v12.9.0 以上

```
1 // 26-7.js
2 const p1 = new Promise((resolve, reject) => setTimeout(reject,
  200, 'p1'));
3 const p2 = new Promise((resolve, reject) => setTimeout(resolve,
  300, 'p2'));
4
5 Promise.all([p1, p2])
6     .then((result) => console.log('then:', result))
7     .catch((error) => console.error('catch:', error));
8 // catch: p1
9
10 Promise.allSettled([p1, p2])
11     .then((result) => console.log('then:', result))
12     .catch((error) => console.error('catch:', error));
13 // then: [ { status: 'rejected', value: 'p1' },
14 // { status: 'fulfilled', value: 'p2' }]
```

以上方的程式碼來看，由於 *p1* 的結果狀態是 `rejected`，所以 `Promise.all` 方法會執行 `catch` 方法中的回呼函式，並接收該操作的錯誤訊息，印出 *p1*。而 `Promise.allSettled` 方法會以物件組織結果狀態，其中物件的屬性有－

- `status`：結果狀態，像是 `fulfilled`、`rejected`。
- `value`：透過 `resolve` 函式或是 `reject` 函式傳遞的值。

等全部的非同步操作完畢，並將物件集中在陣列中，最後一律執行 `then` 方法裡的回呼函式，並且接收結果陣列作為參數。

DAY

27 非同步－async 與 await

簡介

將 `Promise` 納入標準後，解決了以往寫非同步時容易產生的回呼地獄。不過如果有多個非同步，或是有複雜的判斷邏輯時，`Promise` 的寫法還是會讓程式產生巢狀結構，語意上也不好解讀。

因此在 ES2017 時推出了重要的特性，就是新增非同步寫法的方式 - 以 `await` 跟 `async` 作為非同步函式的關鍵字，以語法糖的形式簡化 `Promise` 的實現。

使用方式

宣告非同步函式時，使用 `async` 關鍵字放在函式名稱的前面作為前綴字。呼叫函式時，則使用 `await` 關鍵作為函式名稱的前面作為前綴字。

另外函式裡如果有執行到非同步的地方，而且有加上 `await` 前綴字的話，函式宣告一定要加上 `async` 前綴字。

```
1 // 27-1.js
2 async function fetchAllData() {
3     const result1 = await fetchData1();
4     const result2 = await fetchData2();
5     return [result1, result2];
6 }
7
8 const result = await fetchAllData(); // [{...}, {...}]
```

與 Promise 的比較

直接以實際的例子來看觀察差異。先建立一些使用 `Promise` 撰寫的非同步函式一

```
 1 // 27-2.js
 2 const downloadData = () => {
 3     return new Promise((resolve, reject) => {});
 4 };
 5 const processData = () => {
 6     return new Promise((resolve, reject) => {});
 7 };
 8 const ProcessError = () => {
 9     return new Promise((resolve, reject) => {});
10 };
```

接著宣告 *getData* 函式，這個函式會依序執行以上這些非同步函式。會發現回傳的 `Promise` 會導致鏈狀 `promise`，將函式分隔成多個部份。

```
 1 // 27-3.js
 2 function getData(params) {
 3     return downloadData(params) // returns a promise
 4         .then((data) => {
 5             return processData(data); // returns a promise
 6         })
 7         .catch((error) => {
 8             return ProcessError(error); // returns a promise
 9         });
10 }
```

如果改成以 `async – await` 寫法的話，就不會有 `Promise` 的鏈狀結構產生，並且搭配例外處理的流程控制－ `try catch` 來處理意外錯誤。

```
 1 // 27-4.js
 2 async function getData(params) {
 3     let v;
 4     try {
 5         v = await downloadData(params);
 6     } catch (e) {
 7         v = await ProcessError(params);
 8     }
 9     return processData(v);
10 }
```

for await（元素 of 可迭代的物件）

如果要使用迴圈方式依序執行非同步函式的話，ES2018 後可以使用 `for of` 迴圈，搭配今天介紹的 `async – await` 關鍵字，加上立即函式來實現。相關重點統整如表 27-1 所示。

表 27-1　for await of －運作環境支援度

Chrome	Edge	Firefox	Safari	Node.js
v63 以上	v79 以上	v57 以上	v11 以上	v10.0.0 以上

```
1 // 27-5.js
2 const p1 = new Promise((resolve, reject) => setTimeout(resolve,
  200, 'p1'));
3 const p2 = new Promise((resolve, reject) => setTimeout(resolve,
  300, 'p2'));
4 const p3 = new Promise((resolve, reject) => setTimeout(reject,
  100, 'p3'));
5
6 const promises = [p1, p2, p3];
7 (async function () {
8     for await (let result of promises) {
9         console.log('result:', result);
10    }
11 })();
12
13 // Promise {<pending>}
14 // result: p1
15 // result: p2
16 // Uncaught (in promise) p3
```

DAY

28 可迭代的與迭代器

什麼是迭代（Iteration）

迭代的基本定義是：「每次執行相同的步驟，並且重覆一定次數，直到滿足特定的條件結束」。在數學領域和不同的程式語言之間，多少有些大同小異的地方。而在 ECMAScript 中有關迭代的標準，主要依循以下幾個原則－

- 有順序性地對資料集合中進行迭代。
- 透過每次迭代回傳的結果取得目標值以外，也能知道是否還能進行下一次的迭代。
- 對於取得迭代的目標值，有明確且一致的執行邏輯。

可迭代的（Iterable）

在 ES2015 的標準中，對於物件型別有提出一種協定[1]，叫做「可迭代的」。要成為可迭代的資料型態，物件本身或它的原型鏈中，必須實作迭代的執行方法，並且必須使用 `Symbol` 內建的常數－ `Symbol.iterator` 作為方法的鍵。

```
1 // 28-1.js
2 const myObject = {
3     //...,
4     [Symbol.iterator]: function () {
5         // 迭代的執行邏輯
6     },
7 };
```

1　協定（protocol）是指以明文定義特定技術實現的方式，必須遵循某種固定規則或規範。

只要是可迭代的物件，就可以擁有以下幾種的用法－

- 使用預設的迭代行為，或是自訂相關的執行邏輯。
- 作為流程控制語法－`for of` 迴圈的執行對象來進行迭代。
- 作為產生器中，`yield*` 的執行對象。

有些標準內建物件已經預設為可迭代的，並擴充了相關的方法，如表 28-1 所示。

表 28-1　可迭代的標準內建物件

String（2-2）	Array（4-2）	Set（4-32）	Map（4-44）

迭代器（Iterator）

當物件開始迭代後，就會呼叫物件中的 `@@iterator` 方法，並且透過執行後回傳的結果，取得每次的目標值和迭代狀態。這個執行結果，ES2015 中同樣也有相關的協定來規範，並且統一它的名稱叫做迭代器。

一個標準的迭代器，至少要實作叫做 `next` 的方法，必且須符合以下條件－

- 沒有參數的傳遞。
- 具有 `done` 屬性，以布林值表示物件是否迭代完畢。
- 具有 `value` 屬性，每次迭代後取得的目標值。

舉常用的標準內建物件－陣列，來使用它的迭代器來看看。

```
1 // 28-2.js
2 const names = ['Yuri', 'Ann', 'Joe'];
3 const iterator = names[Symbol.iterator]();
4
5 console.log(iterator.next());// {value: 'Yuri', done: false}
6 console.log(iterator.next());// {value: 'Ann', done: false}
7 console.log(iterator.next());// {value: 'Joe', done: false}
8 console.log(iterator.next());// { value: undefined, done: true}
9
10 // 或
11 let tempResult = iterator.next();
12 while (tempResult && !tempResult.done) {
13     console.log(tempResult);
14     tempResult = iterator.next();
15 }
```

第 2 行透過 `[Symbol.iterator]` 來取得迭代器，並指派到 `iterator` 變數。每次只要執行迭代器的 `next` 方法，就會依序回傳 `value` 和 `done` 屬性。直到最後一次，`value` 屬性回傳 `undefined`，`done` 屬性回傳 `false` 時，我們就可以知道已經完成了迭代。

物件的迭代方式

前面有提到，常用的 `String`、`Array`、`Set` 跟 `Map` 都是預設有迭代的標準內建物件，而 `Object` 就沒有。但是在實務開發中，可能有些物件也會需要進行迭代。有什麼方式讓物件有迭代行為呢？

把物件放入 Map 中

`Map` 是跟物件的結構類似的標準內建物件。因此我們可以把物件本身的屬性移植到 `Map` 中，就可以使用 `Map` 預設的迭代行為遍歷這些屬性。

```
 1 // 28-3.js
 2 const myObject = { a: 1, b: 2 };
 3 const myMap = new Map();
 4
 5 for (const [key, value] of Object.entries(myObject)) {
 6     myMap.set(key, value);
 7 }
 8
 9 const iterator = myMap[Symbol.iterator]();
10
11 console.log(iterator.next()); // {value: ['a', 1], done: false}
12 console.log(iterator.next()); // {value: ['b', 2], done: false}
13 console.log(iterator.next()); // {value: undefined, done: true}
```

上方的程式碼中，第 5 行透過 `Object.entries` 方法取得物件本身屬性的鍵值對。接著再使用 `for of` 依序執行 `Map` 的 `set` 方法存入。這樣就能透過 `Map`，對物件屬性進行迭代了。

物件中擴充相關成員

如果想對物件進行自訂的迭代行為，那麼可以自行在物件中擴充相關的成員。過程中有幾點需要注意的地方，透過以下的程式碼來練習看看。

```
 1 // 28-4.js
 2 const myObject = { a: 1, b: 2, c: 3 };
 3
 4 Object.defineProperties(myObject, {
 5     currIndex: {
 6         enumerable: false,
 7         writable: true,
 8         value: 0,
 9     },
10     propKeys: {
11         value: Object.keys(myObject),
12     },
13 });
```

迭代器需要知道現在要對哪個對象進行執行，所以我們需要建立一個 *currIndex* 屬性來記錄目前的資料索引。不過這個變數並不希望它會被迭代到，因此需要把 `enumerable` 設為 `false`。

另外我們還需要透過 `Object.keys` 方法來取得物件本身可列舉屬性的鍵，並以陣列的形式儲存在 *propKeys* 屬性。

```
1 // 28-5.js
2 myObject[Symbol.iterator] = function () {
3     return this;
4 };
5 myObject.next = function () {
6     if (this.currIndex < this.propKeys.length) {
7         const propName = this.propKeys[this.currIndex];
8         const result = {
9             value: [propName, this[propName]],
10            done: false,
11        };
12        this.currIndex++;
13        return result;
14    } else {
15        return { value: undefined, done: true };
16    }
17 };
```

前面有提到，要成為可迭代的物件，需要定義 `[Symbol.iterator]` 方法。在這個方法中，可以自訂迭代相關的初始化，最後需要回傳物件本身，才能執行 `next` 方法。

最後實作 `next` 方法，主要拿 *currIndex* 屬性和 *propKeys* 屬性的資料長度來綜合判斷，並且在每次的迭代中遞增 *currIndex* 屬性。最後回傳具有 `value` 和 `done` 屬性的物件。

```
1 // 28-6.js
2 const iterator = myObject[Symbol.iterator]();
3
4 console.log(iterator.next()); // {value: ['a', 1], done: false}
5 console.log(iterator.next()); // {value: ['b', 2], done: false}
6 console.log(iterator.next()); // {value: ['c', 3], done: false}
7 console.log(iterator.next()); // {value: undefined, done: true}
```

透過以上的實作，不用額外建立其他的資料型態，一樣也可以對物件進行迭代。

DAY

29 產生器（Generator）

簡介

一般的函式被呼叫後，就會從頭開始執行，直到最後回傳結果，結束函式的執行環境。那麼，有沒有辦法讓函式也能像迭代器那樣，每次呼叫 `next` 方法後只執行其中一段程式，並回傳結果呢？

ES2015 推出的產生器，可以讓函式執行到中斷點時，會先儲存內部運算的狀態，再回傳當下的結果。下一次再次呼叫時，就會依照上次的運算結果，從中斷點後繼續執行。因此產生器可以說是函式版的迭代器，可以控制每次執行函式的時機點，並且逐步回傳結果。

接著就來熟悉產生器的起手式，以及探索開發的應用情境吧！

建立方式

產生器是一種特殊的物件，需要將目標函式的宣告轉換成產生器函式，並且藉由呼叫這個產生器函式來建立。

轉換方式很簡單，只需要函式宣告時，在 `function` 關鍵字後加上星號（`*`）即可。之後要建立產生器時，直接呼叫函式和傳入需要的參數，然後指派到變數。

```
1 // 29-1.js
2 function* getManyResults(params) {
3     // do something ...
4 }
5 const resultGenerator = getManyResults(params);
```

迭代協定

產生器是依循 ES2015 時的迭代協定實作出來的標準物件。根據 Day 28 提到的迭代器標準，必須要實作一個叫做 `next` 的實體方法，透過每次 `next` 方法的呼叫，來取得當次的回傳結果－ `value`，和目前是否迭代完成的布林值－ `done`。

產生器同樣有個 `next` 方法，並且回傳兩個屬性－ `value` 和 `done`。不過唯一的差別是，一般物件的迭代器，呼叫 `next` 方法時不能有參數傳遞，但是產生器中的 `next` 方法，可以傳入參數來控制輸出的結果，待會的內容會提到更多相關的說明。

```
1 // 29-2.js
2 const result1 = everyResult.next();
3 // { value: 'value1', done: false }
4 const result2 = everyResult.next('something');
5 // { value: 'something', done: false }
```

yield 運算子

`yield` 的原文有「產出、讓出」的意思。在 ECMAScript 中，這個單字被用來做為產生器函式中重要的組成。以下整理幾種 `yield` 運算子的使用方式和用途。

中斷點，返回後面表達式的運算結果

最基本的使用方式，可以當作是一般函式中的 `return`，把接在後面的值或是表達式的運算結果，回傳給當次呼叫的 `next` 方法，作為 `value` 的值。

```
1 // 29-3.js
2 function* getSerialNO() {
3     let number = 0;
4     while (true) {
5         number++;
6         yield number.toString().padStart(3, 0);
7     }
8 }
9
10 const serialNO = getSerialNO();
11 console.log(serialNO.next().value); // 001
12 console.log(serialNO.next().value); // 002
13 console.log(serialNO.next().value); // 003
```

接收 next 方法中的參數

當 `next` 方法傳遞特定的值進來時，表示要以這個值取代上次執行 `next` 方法時，`yield` 運算子回傳的結果。舉兩個例子來感受一下。

```
1 // 29-4.js
2 function* getSerialNO() {
3     let number = 0;
4     while (true) {
5         number++;
6         const value = yield number.toString().padStart(3, 0);
7
8         console.log('上次的回傳結果:', value);
9
10        if (typeof value === 'number') {
11            number += value;
12        }
13    }
14 }
```

上方的程式碼，是延伸上一個範例程式碼的流水號產生器。差別是在第 10 行多加個條件判斷，如果 *value* 變數的型別是數字的話，就把 *value* 的值疊加在 *number* 變數上。

```
1 // 29-5.js
2 const serialNO = getSerialNO();
3
4 console.log('這次的回傳結果:', serialNO.next(10).value);
5 console.log('這次的回傳結果:', serialNO.next(20).value);
6 console.log('這次的回傳結果:', serialNO.next(30).value);
7
8 // 這次的回傳結果: 001
9 // 上次的回傳結果: 20
10 // 這次的回傳結果: 022
11 // 上次的回傳結果: 30
12 // 這次的回傳結果: 053
```

從程式碼的執行結果中，可以觀察到幾個重點－

console.log 的執行順序

上圖第 8 行的 `console.log` 是在 `yield` 之後。所以每次呼叫 `next` 方法時，會先印出下圖第 4 至 6 行的 `console.log` 結果，然後再印出函式裡面的 `console.log` 結果。

第一次呼叫 next 方法

第一次呼叫 `next` 方法時傳入數字 10。但是第一次呼叫，不會有所謂的上一次 `yield` 運算子回傳結果，因此會被省略。

第二次之後呼叫 next 方法

第二次呼叫 `next` 方法時傳入數字 20，表示上一次 `yield` 運算子回傳結果被取代成 20。所以在執行時，可以把上圖第 6 行看成 `const value = 20`，因此下圖第 9 行，印出的 *value* 會是 20。

由於 *value* 等於 20 時，會滿足下方的條件判斷，所以 *number* 變數此時會變成了 21（第一次是 1，然後加這次的 20）。以此類推，在下圖第 6 行的 `next` 方法傳入 30 時，就會重複以上的步驟。

延伸這個概念，我們可以讓 `yield` 運算子像是可以接收 `next` 方法的參數一般，讓傳入的參數，取代 `yield` 運算子在表達式中的位置。

```
1 // 29-6.js
2 function* putCandidates() {
3     let result = [yield, yield];
4     return result;
5 }
6
7 const candidate = putCandidates();
8 candidate.next(); // {value: undefined, done: false}
9 candidate.next('Ann'); // {value: undefined, done: false}
10 candidate.next('Bob'); // {value: ['Ann', 'Bob'], done: true}
```

委派其他的產生器函式

透過 `yield` 運算子結尾處加上星號（`*`），就能在產生器函式中，呼叫另一個產生器函式。當有特殊的邏輯需要額外處理，或是某個產生器邏輯需要給其他函式使用時，可以藉由委派的撰寫方式，提升程式碼的維護性及品質。

```
1 // 29-7.js
2 function* _getSerialNO(times) {
3     for (let i = 0; i < times; i++) {
4         yield Math.floor(Math.random() * 998) + 1; // 1~998
5     }
6 }
7
8 function* getSerialNO(times) {
9     yield 0;
10    yield* _getSerialNO(times);
11    return 999;
12 }
13
14 const numbers = getSerialNO(2);
15 numbers.next(); // {value: 0, done: false}
16 numbers.next(); // {value: 136, done: false}
17 numbers.next(); // {value: 375, done: false}
18 numbers.next(); // {value: 999, done: true}
```

非同步的應用

如果在產生器函式中，需要依序回傳非同步函式的執行結果，可以在產生器函式宣告的前面加上 `async` 前綴字，形成非同步產生器函式。接著搭配 Day 27 提到的非同步迴圈－ `for await of`，來迭代產生器每次的回傳結果。

```
1 // 29-8.js
2 async function* checkStatus(times) {
3     for (let i = 1; i <= times; i++) {
4         const status = await fetchStatusResult();
5         yield status;
6     }
7 }
8
9 (async () => {
10     let generator = checkStatus(3);
11     for await (let status of generator) {
12         if (status === 'ready') {
13             // ...
14         }
15     }
16 })();
```

PART

7

ESNext

本書的最後，整理了預計在 2022 年推出的標準，帶大家搶先體驗新語法！

DAY

30 Are You Ready?ES2022!

ECMAScript 原本是不定期地釋出版本，但因應提案的踴躍和開發需求的迫切，所以從 ES2015 後就改為一年一修。也就是說每年都會有新的語法標準出現，讓開發者可以使用更簡潔彈性的語法撰寫，或是實現更強大的功能。

或許有些人認為，每年都要追新語法也太心累。的確，不是件輕鬆的事。不過我認為不用硬逼自己需要熟透所有內容，也不用害怕少學了什麼，就跟不上別人的腳步。重點是要掌握工作和學習上的節奏，找到平衡點。

接下來以本書撰寫的時間點，整理預計會在 ES2022 釋出的提案。以簡要的說明加上範例程式，讓大家在最短時間，大致了解語法結構，以及怎麼開始起手式。

正規表達式

Matched Indices（d 旗標）

在正規表達式的旗標中加入 `d` 的話，會從每個匹配內容取得起始索引，以及結束索引加 1，作為下次要開始檢索的索引，將這兩個值組成陣列（`[startIndex, endeIndex+1]`）後，再集中在陣列中回傳。相關重點統整如表 30-1 所示。

表 30-1　d 旗標

字母	d	ECMAScript	ES2022
對應屬性	hasIndices	包含匹配內容的起始和結束的索引值陣列。	

以 `exec` 方法舉例，可以透過結果陣列的 `indices` 屬性取得。

目前較新版本的瀏覽器還有 Node.js 中可以運作，有興趣的話可以嘗試看看。

```
1 // 30-1.js
2 const myRegexp = /\w*.o\w+/dgi;
3 const target = 'Born to make history';
4
5 let currResult;
6 while ((currResult = myRegexp.exec(target)) !== null) {
7     console.log('這次的符合內容: ', currResult[0]);
8     console.log('Matched Indices: ', currResult.indices[0]);
9     console.log('---');
10 }
11 // 這次的符合內容: Born
12 // Matched Indices:  (2) [0, 4]
13 // ---
14 // 這次的符合內容: history
15 // Matched Indices:  (2) [13, 20]
16 // ---
```

具有索引的標準內建物件

at (*index*)

本書中介紹了兩種具有索引的標準內建物件－字串以及陣列。ES2022 中，有為這種類型的物件提供了實體方法－ `at`。用途跟使用字面值取得元素的方式類似，透過索引的傳入來獲得元素。相關重點統整如表 30-2 至 30-4 所示。

表 30-2　at 方法－參數說明

名稱	必要性	型別	預設值	說明
index	是	number	無	元素索引

表 30-3　at 方法－基本特性

ECMAScript	ES2022	方法類型	實體
修改對象的值	否	回傳型別	任意型別

表 30-4　at 方法－運作環境支援度

Chrome	Edge	Firefox	Safari	Node.js
v92 以上	v92 以上	v90 以上	尚未支援	v16.6.0 以上

不同的是，`at` 方法回傳的結果彈性很多。傳入索引值的比較，如表 30-5 所示。

表 30-5　at 方法－回傳結果比較

<table>
<tr><th></th><th>正整數</th><th>負整數</th><th>浮點數</th></tr>
<tr><td>indexable[index]</td><td rowspan="2">前面從 0 開始算</td><td colspan="2">undefined</td></tr>
<tr><td>indexable.at（index）</td><td>後面從 -1 開始算</td><td>無條件捨去後，再由正負數決定</td></tr>
</table>

目前較新版本的瀏覽器還有 Node.js 中可以運作，有興趣的話可以嘗試看看。

```
1 // 30-2.js
2 const myArray = [0, 1, 2, 3];
3 console.log(myArray[-2], myArray.at(-2)); // undefined 2
4 console.log(myArray[1.6], myArray.at(1.6)); // undefined 1
5 console.log(myArray[-3.2], myArray.at(-3.2)); // undefined 1
```

物件

Object.hasOwn（*target*，*name*）

Day 05 中介紹物件的實體方法－ `hasOwnProperty` 方法，是檢查物件本身是否含有某個成員。不過如果這個物件的原型沒有繼承到 `Object.prototype`（例如以 `Object.create` 方法設定原型），那麼它就沒辦法直接使用 `hasOwnProperty` 方法。

如果對 Day 15 提到的類陣列還有印象的話，有提到一個轉換成陣列的方法－ `Array.prototype.slice.call`。我們可以此類推，直接呼叫物件原型的方式來調用。

```
1 // 30-3.js
2 const myObject = Object.create(null);
3 myObject.name = 'ECMAScript 關鍵 30 天';
4 const hasNameProp =
  Object.prototype.hasOwnProperty.call(myObject, 'name');
5 console.log(hasNameProp); // true
```

ES2022 後提供更簡潔的靜態方法－ `Object.hasOwn`，同樣可以完成以上的事情。相關重點統整如表 30-6 至 30-8 所示。

表 30-6　Object.hasOwn 方法－參數說明

名稱	必要性	型別	預設值	說明
target	是	Object	無	目標物件
name	是	string 或 symbol	無	屬性的鍵

表 30-7 Object.hasOwn 方法－基本特性

ECMAScript	ES2022	方法類型	靜態
修改對象的值	否	回傳型別	boolean

表 30-8 Object.hasOwn 方法－運作環境支援度

Chrome	Edge	Firefox	Safari	Node.js
v93 以上	v93 以上	v92 以上	尚未支援	尚未支援

```
1 // 30-4.js
2 const hasNameProp = Object.hasOwn(myObject, 'name');
```

類別

ES2022 對於類別釋出了不少標準，主要可以分成以下兩點－

- 擴充靜態關鍵字（static）的使用
- 正式支援私有（private）的機制

接著就來一一介紹這些語法吧！

靜態方法與成員（Static methods and fields）

如果對 Day 18 提到的類別還有印象的話，在 ES2015 時提出的 `static` 關鍵字，只能做為公開靜態方法的前綴字。如果要新增靜態屬性的話，則要在建立類別後，再以字面宣告的方式新增。

不過在 ES2022 後，`static` 關鍵字的應用範圍更廣泛了。無論是屬性或方法，公開或私有，只要在名稱前加上前綴字，就能表示為靜態。相關重點統整如表 30-9、30-10 所示。

表 30-9　宣告靜態成員－運作環境支援度

Chrome	Edge	Firefox	Safari	Node.js
v72 以上	v79 以上	v75 以上	v14.1 以上	v12.0.0 以上

表 30-10　宣告私有靜態方法－運作環境支援度

Chrome	Edge	Firefox	Safari	Node.js
v84 以上	v84 以上	v90 以上	v14.1 以上	v12.0.0 以上

```
1 // 30-5.js
2 class Inbody {
3     static #secretNumber = 1.2; // ES2022: 私有靜態成員
4     static brand = 'My Inbody'; // ES2022: 公開靜態成員
5
6     // ES2022: 私有靜態方法
7     static #getPBF(weight, fat) {
8         return ((fat * Person.#secretNumber) / weight) * 100;
9     }
10
11     // ES2015: 公開靜態方法
12     static getBMI(weight, height) {
13         return weight / Math.pow(height / 100, 2);
14     }
15 }
16 Inbody.country = 'Taiwan'; // ES2015: 公開靜態成員
17
18 console.log(Inbody.#secretNumber); // error: Private field ...
19 console.log(Inbody.brand, Inbody.country); // My Inbody Taiwan
20 console.log(Inbody.#getPBF(50, 15)); // error: Private field...
21 console.log(Inbody.getBMI(50, 160)); // 19.531249999999996
```

靜態初始化區塊（Static initialization blocks）

類別初始化時，有些靜態成員如果需要透過流程控制設定初始值的話，通常只能在類別建立後，把相關的初始流程放在之後。

雖然一樣可以運作，不過在程式的語意上卻像是兩個獨立的區塊拼在一起。如果功能規模愈來愈龐大複雜的話，就會更難維護。

```
1 // 30-6.js
2 class APILibrary {
3     static configs;
4     // ...
5 }
6
7 try {
8     const fetchedConfigs = await fetchConfigs();
9     APILibrary.configs = { ...fetchedConfigs, tag: 1 };
10 } catch (error) {
11     APILibrary.configs = { root: 'myroot/api', tag: 2 };
12 }
```

ES2022 後，類別中只要使用 `static` 關鍵字加上大括號（`{ }`），就能包覆靜態成員的初始流程。這樣做還有個好處是，流程中需要存取類別的私有成員時，可以直接取用，而不用再撰寫額外的存取器方法來封裝私有成員，寫法上算是優雅很多。

```
1 // 30-7.js
2 class APILibrary {
3     static configs;
4     static #defaultRoot = 'myroot/api';
5     static {
6         try {
7             const fetchedConfigs = await fetchConfigs();
8             APILibrary.configs = { ...fetchedConfigs, tag: 1 };
9         } catch (error) {
10            APILibrary.configs = { root:
  APILibrary.#defaultRoot, tag: 2 };
11        }
12    }
13 }
```

定義私有方法與成員（Private methods and fields）

成為私有成員，表示只有內部可以使用。外部如果嘗試存取或呼叫的話，就會回傳 `undefined` 或錯誤提示。這樣做可以保護成員不會被外部任意修改，或建立只有內部可以操作的方法等。

在 ES2022 後，正式把井字號（`#`）作為私有成員的前綴字，無論是在宣告、存取或呼叫時，都需要冠上這個前綴字。相關重點統整如表 30-11、30-12 所示。

表 30-11　私有方法與成員前綴字－基本特性

符號	井字號（#）	使用方式	成員名稱的前綴

表 30-12　私有方法與成員前綴字－運作環境支援度

Chrome	Edge	Firefox	Safari	Node.js
v74 以上	v79 以上	v90 以上	v14.1 以上	v12.0.0 以上

透過下面的範例，來看這個私有的概念可以使用在那些地方。

定義成員

```
1 // 30-8.js
2 class Person {
3     static legalAge = 20; // 公開靜態成員
4     static #secret = 999; // 私有靜態成員
5     name; // 公開實體成員
6     #income = 1000; // 私有實體成員
7
8     constructor(name) {
9         this.name = name;
10     }
11 }
12
13 const yuri = new Person('Yuri');
14 console.log(yuri.#income); // undefined
15 console.log(Person.#secret); // error:Private field...
```

定義方法

```
1 // 30-9.js
2 class Person {
3     // ...
4     static #sayMotto(prefix) { // 私有靜態方法
5         console.log(prefix, 'Love your choice');
6     }
7     static sayMottoToGuys() { // 公開靜態方法
8         Person.#sayMotto('My Motto is:');
9     }
10    #sayHi(prefix) { // 私有實體方法
11        console.log(prefix, this.name);
12    }
13    sayHiToGuys() { // 公開實體方法
14        this.#sayHi('Hi I am');
15    }
16 }
17
18 yuri.sayHi(); // TypeError
19 yuri.sayHiToGuys(); // Hi I am Yuri
20 Person.sayMotto(); // TypeError
21 Person.sayMottoToGuys(); // My Motto is: Love your choice
```

定義成員存取器

```
1 // 30-10.js
2 class Person {
3     // ...
4     // 公開存取器
5     get openedNumber() {
6         return Math.random() * 100;
7     }
8     set openedNumber(value) {}
9
10    // 私有存取器
11    get #secretNumber() {
12        return Math.random() * 100;
13    }
14    set #secretNumber(value) {}
15 }
16
17 console.log(yuri.secretNumber); // undefined
18 console.log(yuri.openedNumber); // 91.29580496088381
```

檢查私有成員的運算子

根據以上範例程式的印出結果，會發現如果直接存取私有成員，都會回傳 `undefined`。透過 `in` 關鍵字，會以布林值的執行結果，判斷成員是否可取得。相關重點統整如表 30-13、30-14 所示。

表 30-13　in 運算子－基本特性

關鍵字	in	使用方式：放在私有成員名稱之後，目標物件、實體或類別之前。
回傳型別	boolean	

表 30-14　in 運算子－運作環境支援度

Chrome	Edge	Firefox	Safari	Node.js
v91 以上	v91 以上	v90 以上	尚未支援	尚未支援

```
1 // 30-11.js
2 class Person {
3     static legalAge = 20; // 公開靜態成員
4     static #secretNumber = Math.random() * 100; // 私有靜態成員
5     name; // 公開實體成員
6     #income = 1000; // 私有實體成員
7     constructor(name) {
8         this.name = name;
9     }
10
11     hasIncome() {
12         return this.#income in this;
13     }
14
15     static hasSecretNumber() {
16         return Person.#secretNumber in Person;
17     }
18 }
19
20 const yuri = new Person('Yuri');
21 console.log('legalAge' in Person); // true
22 console.log('name' in Person); // true
23 console.log(yuri.hasIncome()); // false
24 console.log(Person.hasSecretNumber()); // false
```

流程控制

頂層的 await

Day 27 中有學到 `await` 跟 `async` 的語法是非同步處理的語法糖。只要函式中有 `await` 的關鍵字出現，就一定要在該函式名稱的前面加 `async` 的前綴字。

不過在 ES2022 後，可以允許在需要非同步的地方加上 `await` 就好，不需使用 `async` 封裝成函式，提升了撰寫非同步的彈性與簡潔性。相關重點統整如表 30-15 所示。

表 30-15　頂層 await －運作環境支援度

Chrome	Edge	Firefox	Safari	Node.js
v89 以上	v89 以上	v89 以上	v15 以上	v14.8.0 以上

```
1 // 30-12.js
2 // case 1
3 import { fetchAppConfig } from '../APILibrary';
4 const appConfig = await fetchAppConfig();
5
6 // case 2
7 const menuData = fetch('api/config/menu.json').then((response)
  => response.json());
8 export default await menuData;
```

小結

如果對提案的原文有興趣，或是想了解更多的話，可以到 TC － 39 的 GitHub 上查看。(*https://github.com/tc39/proposals/blob/master/finished-proposals.md*)。

最後要提醒的是，雖然今天的內容都是參考官方文件進行整理。不過在本書撰寫的時候，ES2022 還沒有正式推出。如果釋出的標準中，有些內容跟本書不太一樣的話，請依官方文件為主喔！